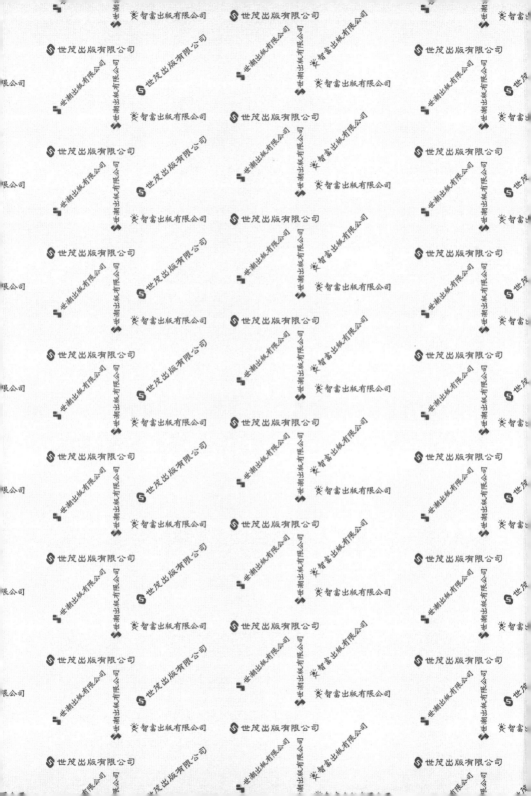

動手玩科學實驗100

かんたん！ビックリ!!科学手品100——
手軽にできて不思議！場を盛り上げる手品集

科學記者
牧野賢治◎著
沈永嘉◎譯

※本書原名《有趣的科學實驗 100》，經修訂改版，並更名為《動手玩科學實驗 100》重新發行。

序

在每天繁忙的生活中，如果還能保有赤子之心，該有多好！難得一有空閒，或許你的心中會浮現令人懷念的情景：校慶表演所看到的種種魔術小把戲；努力製作橡皮筋槍、彈弓，再與朋友比賽誰做的性能好，打得高。不倒翁和打陀螺很好玩，浮在水面的紙船也很有趣。我認為，小學到國中時期的這種旺盛的好奇心，使我們在不知不覺中產生喜歡理化的興趣，以及培育研究科學的精神。

目前社會的現況，雖然人們的生活中充滿了高科技，但追逐經濟成長和發展的結果，卻影響了高中生選擇未來大學的科系。根據國際趨勢的觀察，留學生對於理工學院的申請趨向冷清，而商學院卻人滿為患。

理化教育的重要性是一種共識，有許多專門為青少年製作的科學節目，科學館和博物館的展覽內容也很充實，但並非所有人都能夠盡情倘佯在理工知識的領域中。基於這種情形，本書希望從家庭做起，讓每個人都能在日常生活中自然親近科學，就像看漫畫、看卡通一般，不再「遠離科學」。

本書是以日常生活中隨手可得的材料，編輯成為一百種科學實驗，乍看之下大多實驗都很不起眼，不過動手做之後，即使是大人都會驚訝不已，具有絕妙趣味，每一個實驗都有背後依據的科學原理和法則，並不是變魔術。

近年來，隨著科技進步和經濟成長，實驗所使用的材料、用品、工具的取得變得更加容易，品質和選擇也更多元化，更容易達成，請家長與孩子們相偕一同來挑戰。

本書作者對於科學實驗具有高度的熱情，生活中以進行實驗為興趣，偶而會技癢，喜歡露兩手，表現平常累積的心血結晶。本書所選擇的一百種實驗是先人智慧的累積，並引用許多參考文獻，在寫作過程中作者本身也獲益良多，在此致上十二萬分的謝意。

相信讀者大眾經過親自動手嘗試，一定會跟作者有相同的感覺：「科學真是太有趣了！」

牧野賢治

目錄

簡單又有趣 動手玩科學實驗100

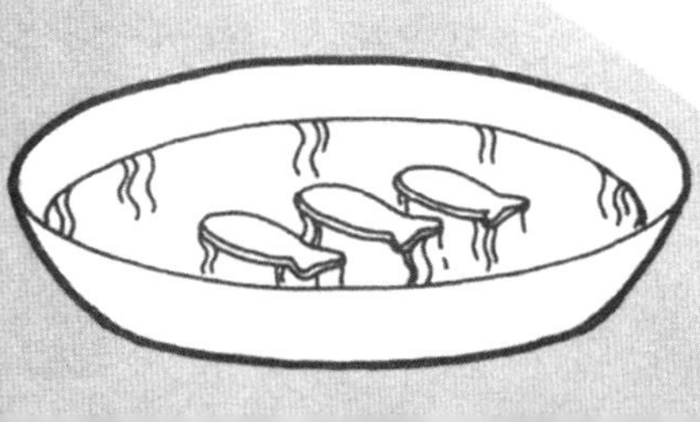

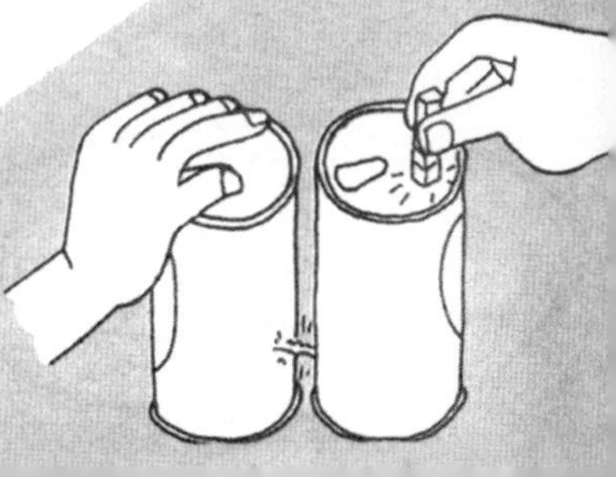

Part 2

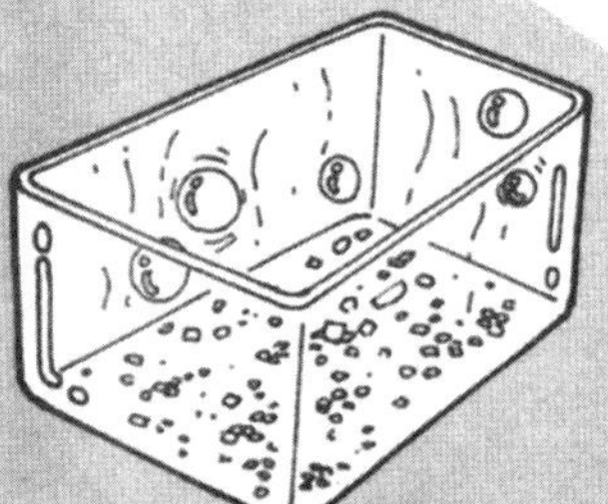

Part 3

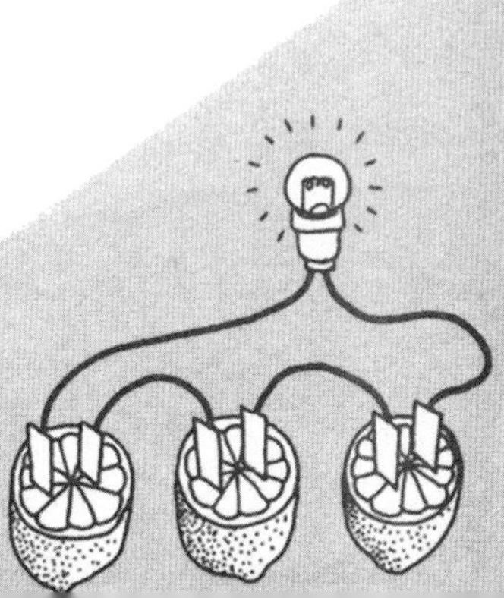

Part 4

Part 5

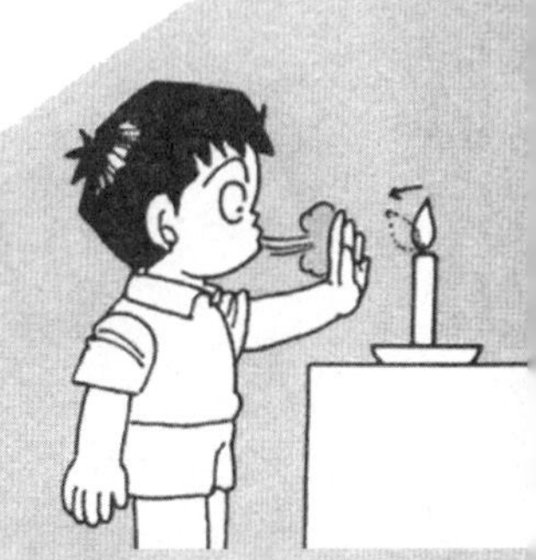

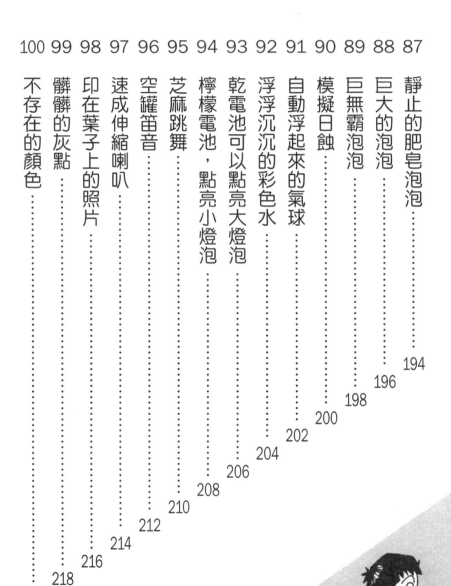

Part 1

不可思議
孩子喜歡的科學實驗

1 乒乓球爬瀑布

把黏著棉線的乒乓球，放在流動自來水下方，乒乓球竟然會像爬山一樣，朝著水龍頭往上爬。

準備用具

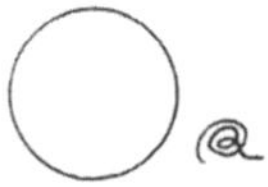

膠帶、乒乓球、棉線

1

把適當長度的棉線，用膠帶黏在乒乓球上。

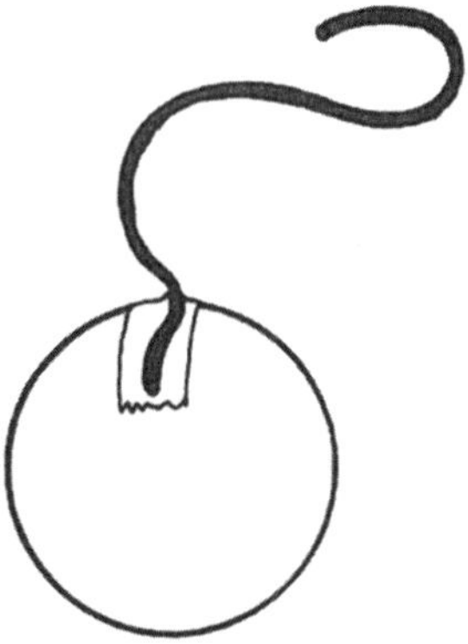

2

打開水龍頭，自來水流出，這時單手捏住棉線的一端，使乒乓球靠近自來水流。

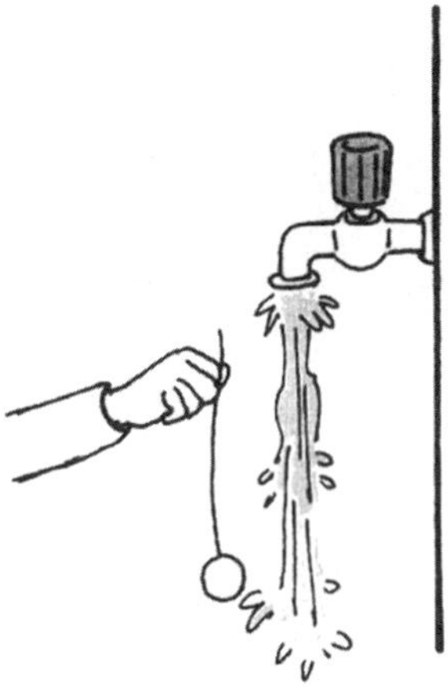

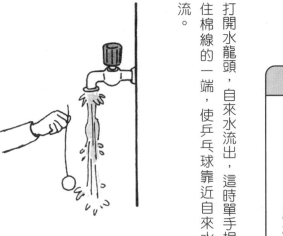

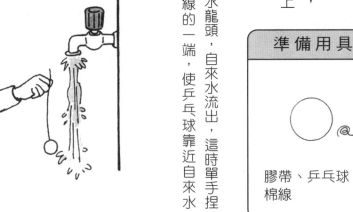

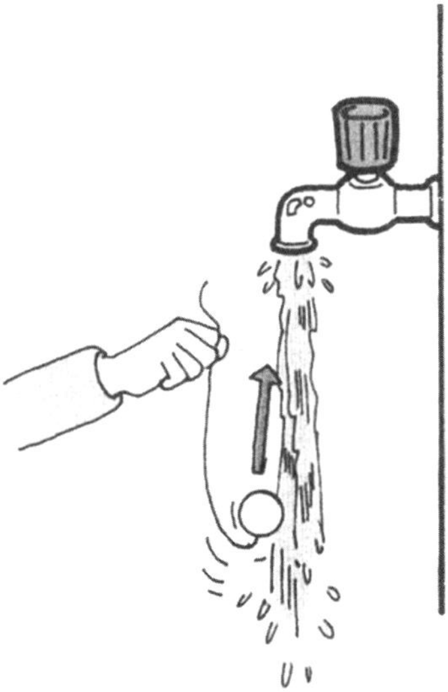

3

乒乓球接觸水流，這時稍微抽動一下棉線，結果會如何呢？你可以看到乒乓球在水流中逆流而上，好像要爬上水龍頭一樣。

為什麼？

科學原理解答

水向下流動，這時流動水周圍的空氣壓力會變低，所以乒乓球會被吸入水中，快速抽動棉線，乒乓球好像在爬瀑布一樣。

記得，要訣是快速抽動一下棉線。

2

往下飄的煙！

煙本來應該是往上飄的，但現在要讓煙往下飄。

準備用具

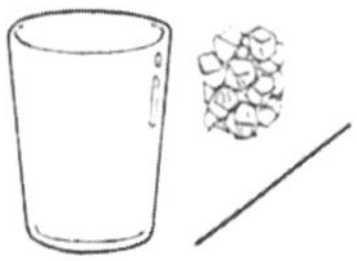

線香、火柴、杯子、冰塊

1

在杯中放入冰塊，擱置一會兒。

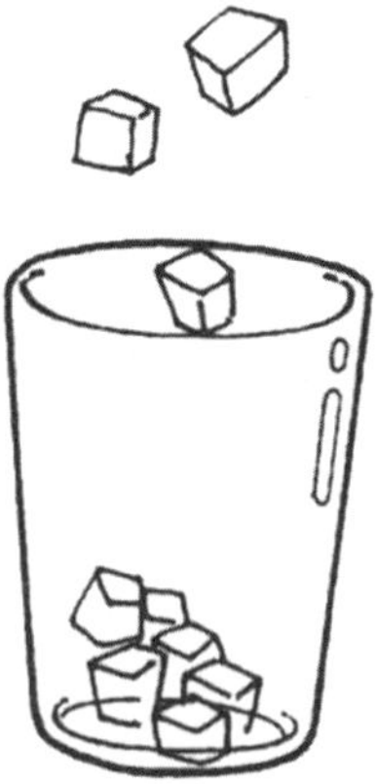

2

點燃線香，並將線香靠近杯子，會看見煙往下飄。

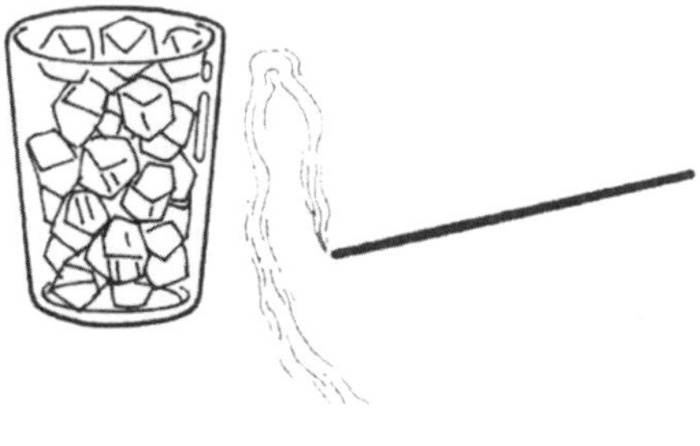

3

扭開水龍頭，水大量流出，把線香拿到水龍頭出口處，將線香向下移動，看見煙也會往下飄。

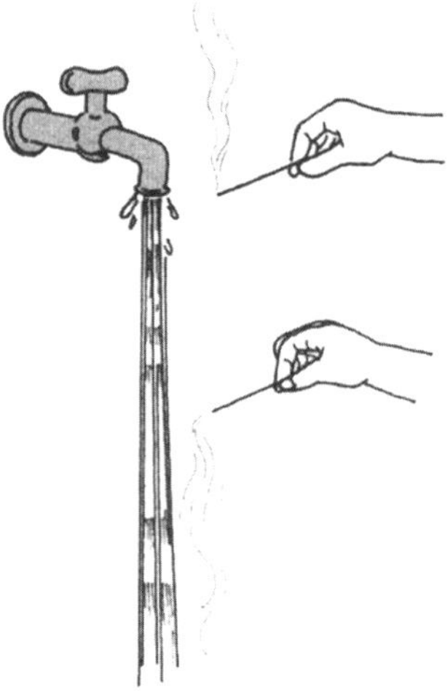

為什麼？

科學原理解答

2 的煙往下飄，是因為被向下流動的空氣捲入所造成的。空氣受到冰塊冷卻，體積會變小，造成比重變大，變得比一般空氣重而往下沉，因此帶動煙往下飄。

3 的情形是，自來水的水流因為地球重力而往下流，落下的速度是受到重力加速度的作用，如果水的落下速度較大，四周的氣壓會跟著下降，使得水流帶動附近的空氣跟著向下流，煙也隨著向下的氣流，而跟著往下飄。

3 載浮載沉的蛋

蛋會浮在水面上嗎？如果杯子裡裝的不只是水，蛋會怎麼樣？

準備用具

雞蛋、大一點的杯子、食鹽、小蘇打、食醋

1

首先準備水，在四百西西的水中，放入三十～三十五公克的食鹽及八～十公克的小蘇打，攪拌均勻。

3

將雞蛋放入水，再一點一點加入食醋。

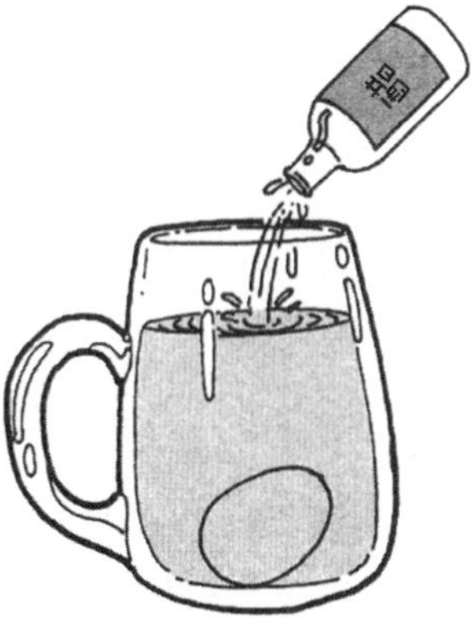

3

雞蛋的表面會開始出現氣泡，過了不久，雞蛋就會浮到水面上，但浮到水面不久又會再度下沉。等到雞蛋表面又沾滿氣泡，就會再浮上水面，如此反覆浮起下沉。

科學原理解答

為什麼？

小蘇打（碳酸氫鈉）和食醋（醋酸）一起混入水中，會產生二氧化碳。二氧化碳原本會溶在水中，如果只有水，什麼事也不會發生，但因為雞蛋的表面有細小凸起，所以二氧化碳會附著在雞蛋的表面，變成肉眼可見的氣泡。當氣泡的浮力超過雞蛋重量，雞蛋就會浮到水面上，但雞蛋露出水面，氣泡會散逸到空氣中，失去氣泡浮力的雞蛋又會下沉回到水裡，等雞蛋表面有足夠的氣泡，又會再次浮起。

一開始在水裡加入食鹽，目的是要增加水的比重，使雞蛋更容易浮起。

4

球被吸進瓶子裡了

看！皮球比瓶口大，竟然咕嚕滑進去！

準備用具

廣口瓶（果醬瓶等）、
火柴、紙片、皮球

1

瓶子先洗淨擦乾，再將點燃的紙片放入瓶中。

2

紙片燃燒火焰，等到即將熄滅，立刻將球蓋在瓶口。

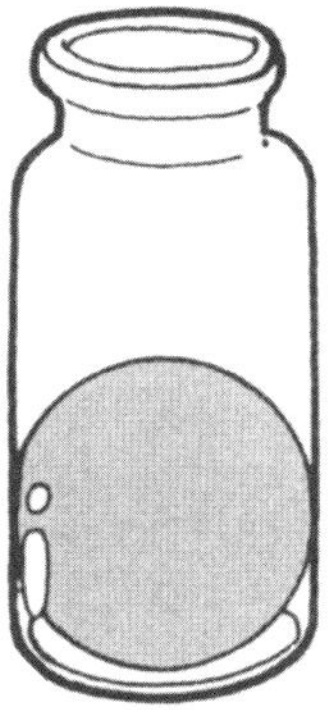

3

皮球會慢慢滑入瓶中。

為什麼？

科學原理解答

瓶中的空氣會因為火焰加熱而膨脹，此時將皮球放置於瓶口，瓶口密閉，火焰因為氧氣不足而熄滅，熄滅之後瓶內的空氣冷卻，使瓶內壓力變小，造成瓶內壓力與瓶外大氣壓力產生差距，因此皮球被瓶外的大氣壓力壓入瓶內。這個原理與71「瞬鋁罐自動壓扁」實驗相同，乍看之下，球是自己滑入瓶子，但其實是被大氣壓力壓進去的。實驗成功的秘訣就是，瓶口一定要比皮球略小，還可以在皮球表面先沾上水或油。

5

球從瓶子裡爬出來了

前面的實驗是使球進入瓶子，這次要讓球從瓶子裡爬出來。

準備用具

裝有皮球的瓶子、鍋子、筷子、熱水

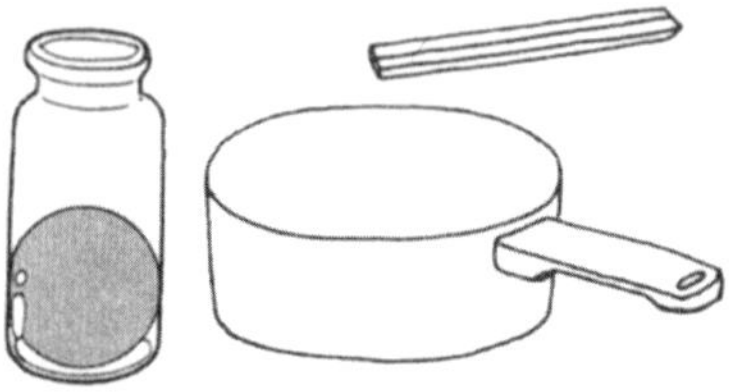

1

把前面實驗中，瓶子裡殘存的灰燼用筷子取出。

2

倒轉瓶子，使皮球卡在瓶口，此時在瓶子與皮球之間用手指插入縫隙，朝縫隙吹氣，讓球卡住瓶口，再抽出手指。

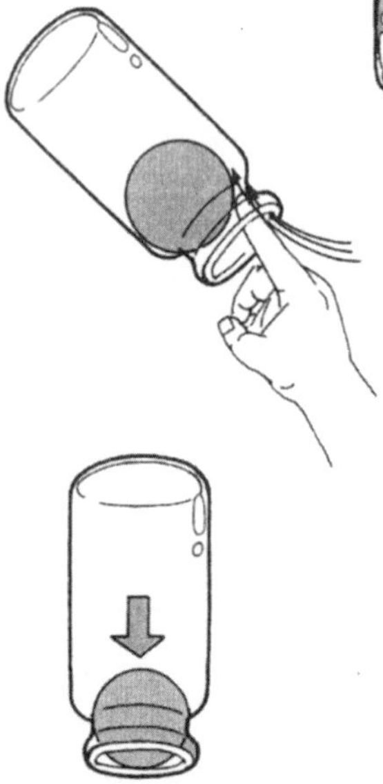

3

在鍋子裡倒入熱水，把[2]瓶口塞住球的瓶子慢慢放入熱水中，小心不要燙到。

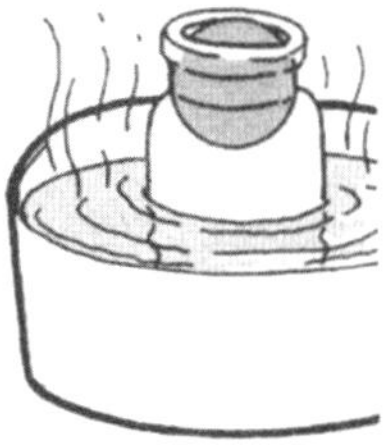

4

等到瓶子逐漸加熱，球就會從瓶子裡自動爬出來。

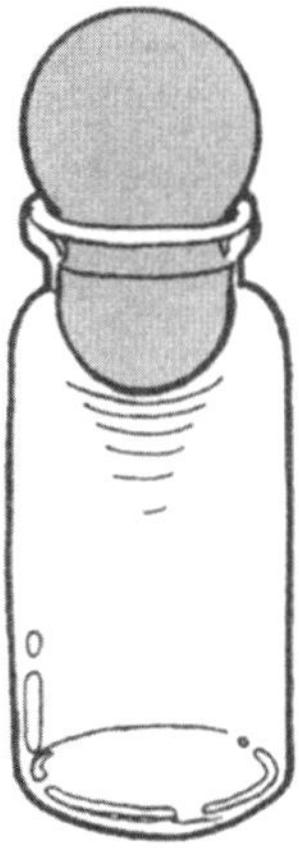

為什麼？

科學原理解答

皮球卡在瓶口，朝瓶中吹氣，球不但不會掉入瓶中，反而會因為吹入瓶子的氣體，使球被推向瓶口塞住。

把瓶子放到熱水裡，瓶子裡的氣體也會跟著被熱水加熱，氣體受熱會膨脹。由於瓶口被球封住，所以瓶中壓力在加熱過程會跟著增加，等到瓶中壓力超過大氣壓力，卡在瓶口的球就會被推出去。

除去[1]瓶中的灰燼，這個動作目的是使灰燼在吹氣時不會飛到臉上。

6 下沉又上浮的乒乓球

乒乓球很輕，會浮在水上。現在我們要將乒乓球沉入水裡，然後不可以用手接觸，要讓乒乓球自動浮起來！

準備用具

容量兩公升的寶特瓶（也可用大的漏斗代替）、乒乓球、水桶、美工刀

1 以美工刀切開寶特瓶底部。

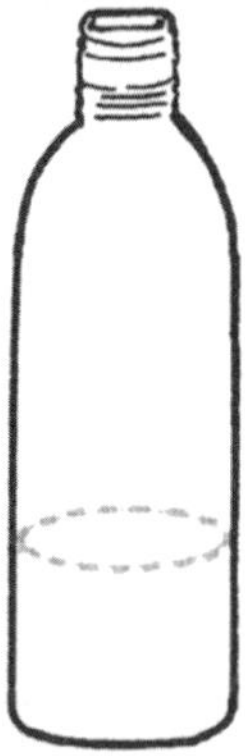

2 拿掉寶特瓶瓶蓋，使瓶口朝下，底部朝上，放入乒乓球，接著倒水入寶特瓶。

3

寶特瓶不會漏水，乒乓球也不會浮上水面。

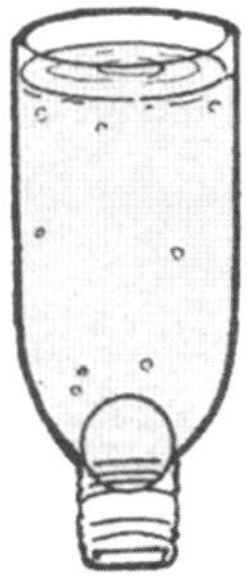

4

然後將寶特瓶底部浸入裝滿水的水桶，哇，乒乓球衝出水面了！

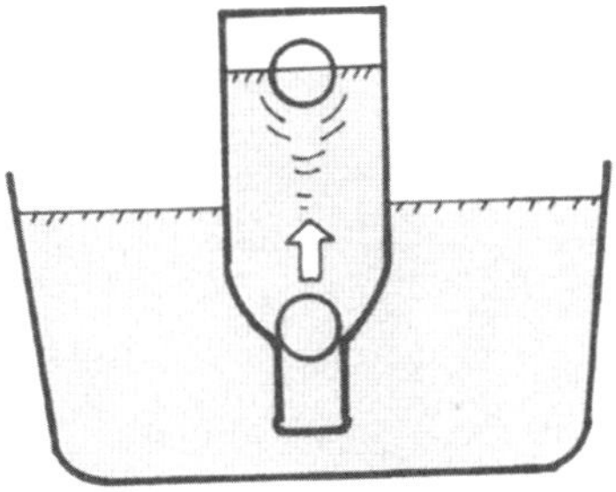

為什麼？

科學原理解答

我們先來思考，為何步驟3的乒乓球不會浮起來？這是因為乒乓球下方是受空氣壓力，上方除了空氣壓力還有水的壓力，所以乒乓球會被上方的水壓壓住，因此沉在水裡不會浮出水面。

接著，將寶特瓶底部浸入水中，由於這時底部的乒乓球受到浮力的作用，抵消空氣壓力，所以會衝出水面。

7 小魚學校

小魚在水盆裡面游泳，隊伍整齊劃一。

準備用具

保麗龍盤、磁鐵、長度三公分左右的縫衣針、剪刀

1

用磁鐵磨擦縫衣針數次，磨擦的方向要一致，如圖示。

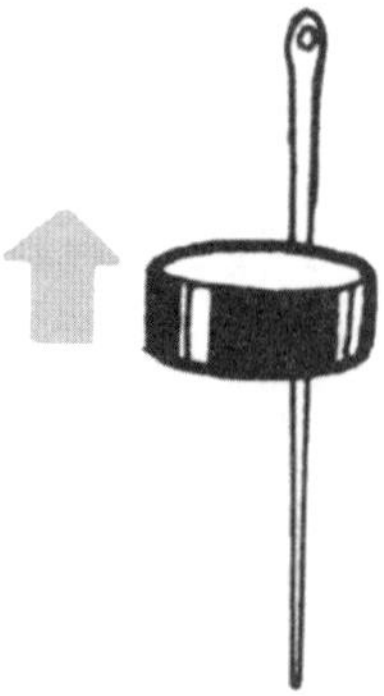

2

以剪刀將保麗龍盤剪出魚的形狀，再將1與磁鐵磨擦的針插入保麗龍魚身。

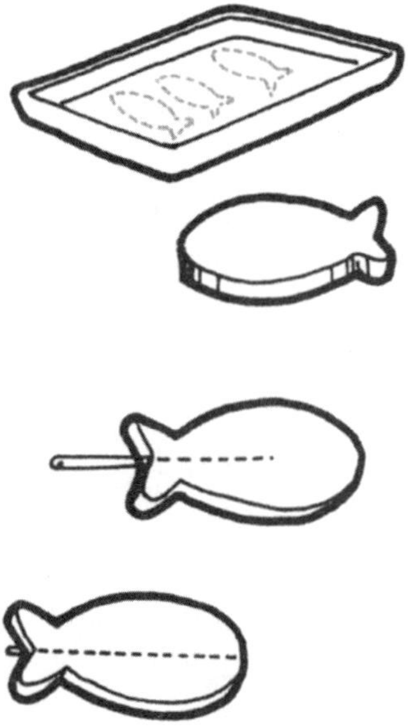

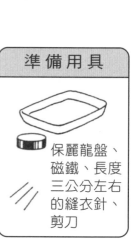

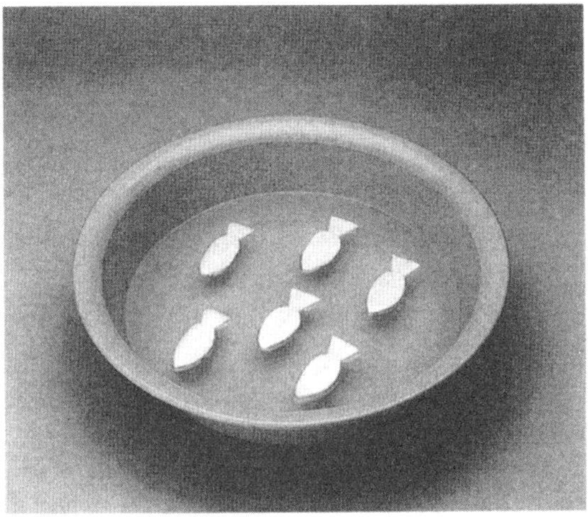

3

讓這些魚浮在盛水的水盆裡，結果，所有魚都會朝向同樣的方向移動。

為什麼？

科學原理解答

因為磁鐵磨擦過的縫衣針，會變成磁鐵，磁鐵具有同樣的指向，都會朝北方的N極。

插入縫衣針的時候，要注意縫衣針要插在同樣的位置，例如都是插在魚頭或魚尾，否則保麗龍小魚的隊伍就不會整齊劃一。

此外，如果小魚的間隔太近，就會連在一起，圍成一圈。

8 自動前進的小船

利用家裡隨手可得的材料，製作不用馬達、自動前進的小船，讓孩子大吃一驚吧。

準備用具

寶特瓶、保麗龍餐盤、剪刀、肥皂、洗髮精、水盆

1

用家裡的寶特瓶、保麗龍餐盤等不吸水的輕材質物品，以剪刀裁出船形，船的大小以兩公分較恰當。

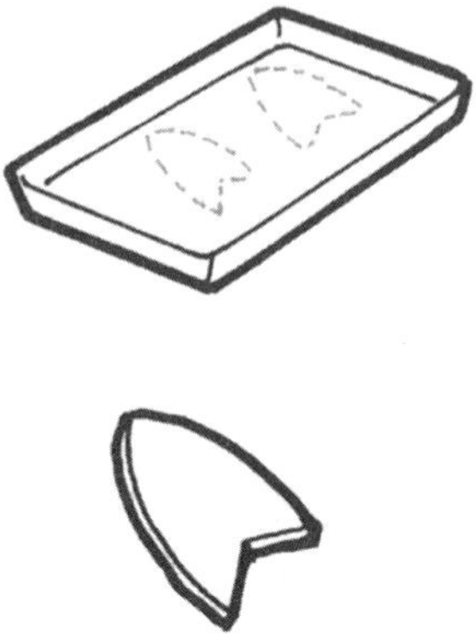

2

在船尾塗上少許肥皂或洗髮精。

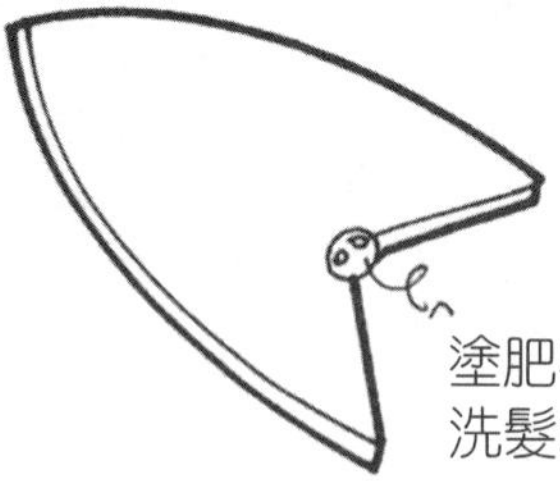

3

將小船放在裝水的水盆裡，輕輕放在水面上，小船竟然會自動向前進。

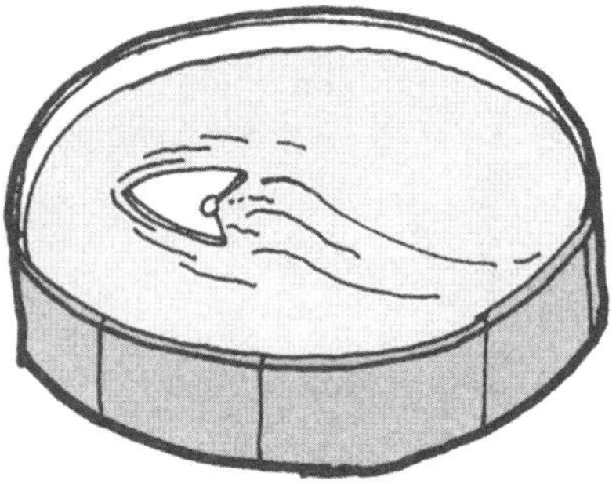

為什麼？

科學原理解答

肥皂或洗髮精等的去污功能，是因為含有界面活性劑。界面活性劑進入水中，會破壞水分子之間的吸引力（稱為「表面張力」）。

把小船放在水面，船尾的界面活性劑會溶入水中，使船尾周圍的表面張力變小，由於船頭的表面張力作用，船便會被船頭的水吸引而移動，看起來好像在自動前進。

等到界面活性劑在水裡分散均勻，表面張力平衡，船就會停止。

9

寶特瓶噴泉

插著吸管的寶特瓶，會像噴泉一樣地噴水。

準備用具

寶特瓶、吸管（長度可以從瓶口插到瓶底）、黏土、錐子、美工刀

1

在寶特瓶裡裝入三分之一的水。

2

插入吸管，瓶口以黏土或溼紙巾封住。瓶蓋以錐子和美工刀鑽孔，將瓶蓋套住吸管，使寶特瓶呈密封狀態。

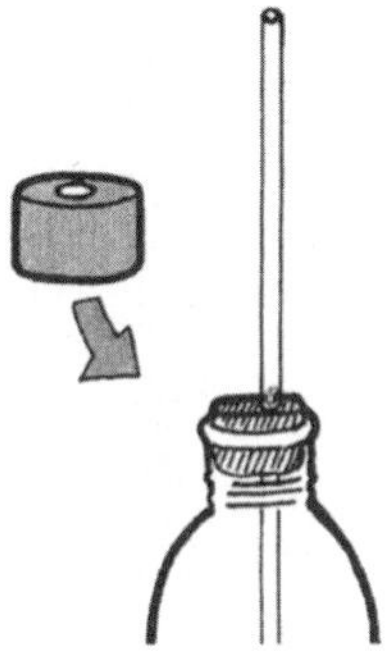

3

用力朝吸管吹一口氣，寶特瓶裡的水就會噴上來。

為什麼？

科學原理解答

用力吹氣，會使瓶中空氣受到壓縮，導致壓力增加，增加的壓力使瓶子裡的水受到擠壓。

因此，朝密封寶特瓶吹氣，瓶中水會受到空氣壓力的擠壓，於是從寶特瓶的吸管噴出來，看起來像噴泉一樣。

10 一個勝過七個

一個人的力氣，可以勝過七個人，怎麼做到的？

1

面對牆壁站立，伸直手臂按住牆壁。

2

請其他七個人站在你後面，每個人都伸直手臂按住前面的肩膀，排成一列。

3

七個人同時出力推前面的人，想要把你壓扁，結果怎麼樣？七個人一起用力推你，想不到你卻還可以輕鬆地伸直手臂面對牆壁站立，不為所動。

為什麼？

科學原理解答

這個科學遊戲的有趣之處在於，乍看之下，有七個人一起用力推，想要推到最前面的人，似乎輕而易舉。想不到，無論七個人如何用力推，你站在牆壁前都不為所動。這是因為你所受的壓力只來自站在你後面的那個人，其他六個人的推力，傳到前面一個人的肩膀，就會抵消，不會傳到你身上。

雖然七個人同時用力，但是真正作用在你身上的，其實只有你後面那個人的推力。所以，除非後面那個人的力量特別大，否則你不會被壓扁。

11

小小大力士

想要和大力士比力氣嗎？只要用這個方法，可以讓小孩的力氣輕鬆贏過大人喔。

準備用具 棒球球棒（木製或金屬製皆可）

1 一個大人，一小孩，兩個人面對面站立，各握住球棒一端，注意要讓大人握住球棒細的一端。

2 接著請將球棒朝順時針和逆時針轉動，一個人朝順時針方向，另一個人就要朝逆時針方向。

3

結果，不論大人多麼用力轉動球棒，都贏不了小孩。

為什麼？

科學原理解答

這個遊戲是力學「力矩」的應用。想要轉動物體，距離旋轉中心越遠，所需要的力氣越少。

汽車的方向盤就是應用力矩的原裡。大型的貨車或巴士，方向盤會比小型車大。這是方向盤的直徑越大，手距離中心的旋轉軸越遠，使方向盤的操作越輕鬆。

球棒尾端與握柄處的粗細不同，握住旋轉球棒的時候，兩者所要耗費的力氣也不同。手握的位置距離中心的旋轉軸越遠，球棒越容易旋轉，所以握住粗的球棒尾端旋轉比較容易。

12

拉不起來的手臂

這是另一個比賽力氣的實驗，知道這個秘訣，小孩也可以輕鬆贏過大人。

1

請你坐在地板上，手指儘量張開，雙手一起放在頭頂上。

2

告訴另一個人：「請抓住我的手臂，朝頭頂上方拉起」。結果，無論對方如何用力往上拉，都沒辦法把你的手臂拉起來。

為什麼？

科學原理解答

雙手放在頭頂，手臂呈く字形，會在肩膀與頭之間形成一個「槓桿」，支點在手肘。

另一個人想要拉手肘，卻怎麼也拉不起來。這是因為施在手肘上的力量，並不是作用在手肘至手腕，而是作用在手肘至肩膀，想要拉開手臂，力氣要很大，否則無法將手臂拉起。

當然，換個位置拉，例如從手腕拉，就可以輕鬆拉起手臂。

13 不可思議的梅氏帶①

有一種立體，沒有分正面和背面，這是一種奇妙的立體，我們可以自己製作，稱為「梅氏帶（Möbius band）」或「莫比烏斯帶」。只要準備剪刀和紙，就可以進行這個不可思議的實驗。

準備用具

報紙、剪刀、漿糊或膠帶

1

將報紙裁成長條狀，然後將兩端黏在一起。黏的時候一端紙帶扭轉翻面，這就是梅氏帶。建議紙條寬度約五公分，方便製作。

2

將梅氏帶自中央剪開。

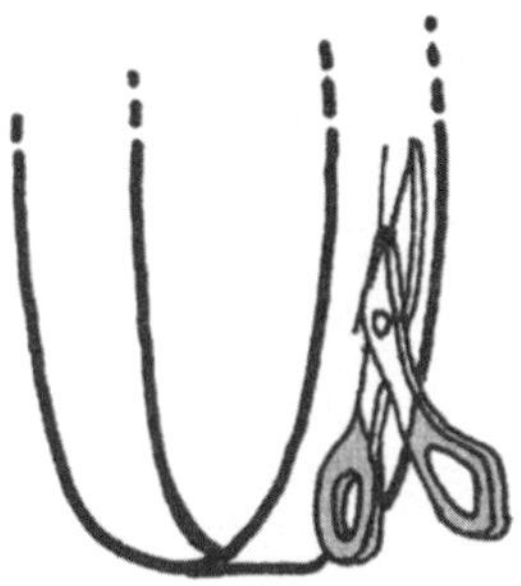

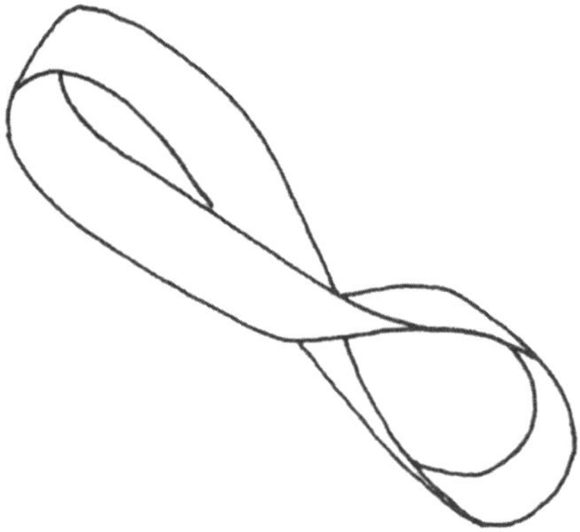

3

剪開的梅氏帶，長度變得更長，扭轉卻變成兩圈。

為什麼？

科學原理解答

一條紙帶有表面和背面，但梅氏帶不一樣，沒有表面，也沒有背面，梅氏帶只有一面。沿著梅氏帶中央，畫一條線，這條線是梅氏帶長度的兩倍。

梅氏帶是由A．F．梅比斯（德國天文學家、數學家，一七九〇～一八六八）所發明。一條普通的帶子從中央裁開，會變成兩條寬度減半、長度不變的帶子，但如3梅氏帶卻不一樣。

還有一種立體形狀與梅氏帶一樣，沒有分表面和背面。以指頭沿著「克萊因壺（Klein Bottle）」表面向前移動，最後會來到背側。克萊因壺的發現者，是德國數學家費力克斯．克萊因（一八四九～一九二五）。

14 不可思議的梅氏帶②

繼續把梅氏帶紙條用剪刀剪開，你會發現更多驚奇。

準備用具

一個剪開的梅氏帶

1

把前面實驗13中[3]剪開變長的梅氏帶，再拿剪刀從中央剪開。

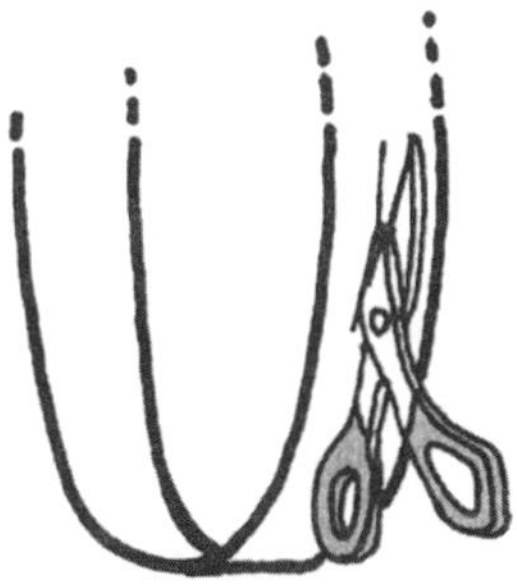

2

剪成的兩條紙帶會變成兩個環，長度相等，寬度減半，像鏈子一樣連結在一起，扭轉的圈數與前面[3]的梅氏帶一樣是兩圈。

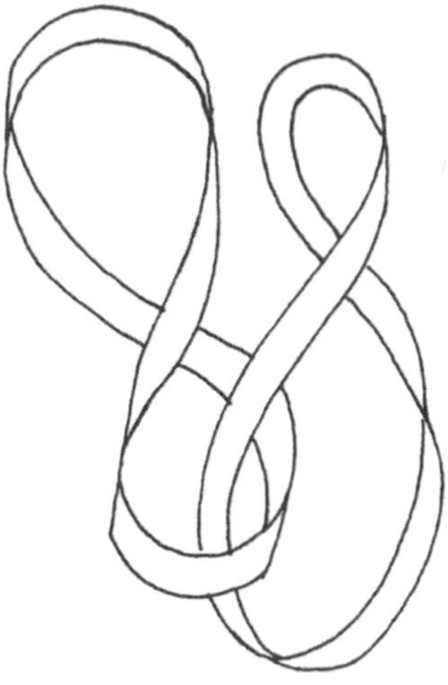

也可以這麼做

再用實驗13的方式，製作另一條梅氏帶，準備剪開，但這次不是剪中央，而是剪帶寬三分之一處，結果會如何呢？

1

製作另一條梅氏帶，做好以後剪開，但這次不是剪中央，而是剪帶寬三分之一處。

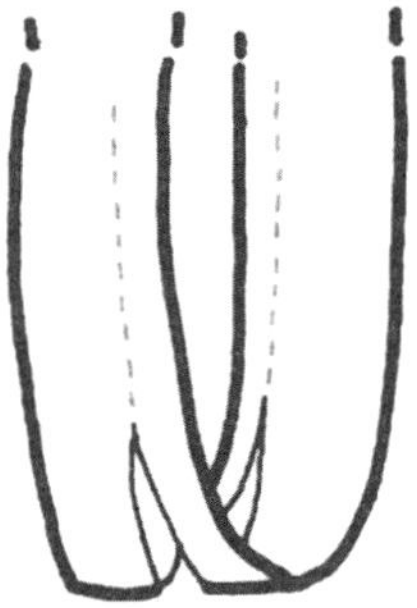

2

40頁實驗中，剪開梅氏帶的正中央，會成為兩條帶長兩倍的紙帶。但是只剪三分之一處，卻變成一條長帶，一條短帶，真是不可思議！

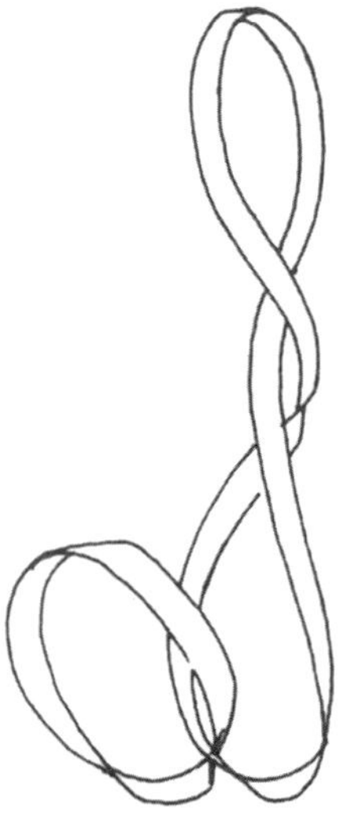

15 保麗龍暴風雪

廢物利用真有趣，製作的東西讓人好驚喜，現在我們來用常見的保麗龍玩遊戲。

準備用具

保麗龍、寶特瓶、美工刀

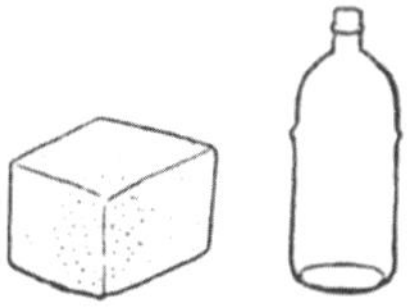

1

用美工刀或手指甲將保麗龍刮開，製作大小〇・五公分以下的保麗龍顆粒，份量約為一把。

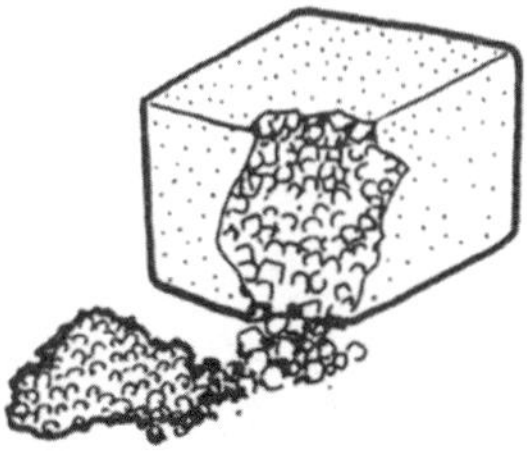

2

寶特瓶洗淨、乾燥，裝入1所製造的保麗龍顆粒。

3

蓋好瓶蓋、搖晃，你會發現，保麗龍顆粒會均勻分佈在寶特瓶內側，間隔大約相等。接著，把手靠近寶特瓶，瓶內的保麗龍會開始移動。再快速揮動手掌，寶特瓶內好像刮起暴風雪一般。

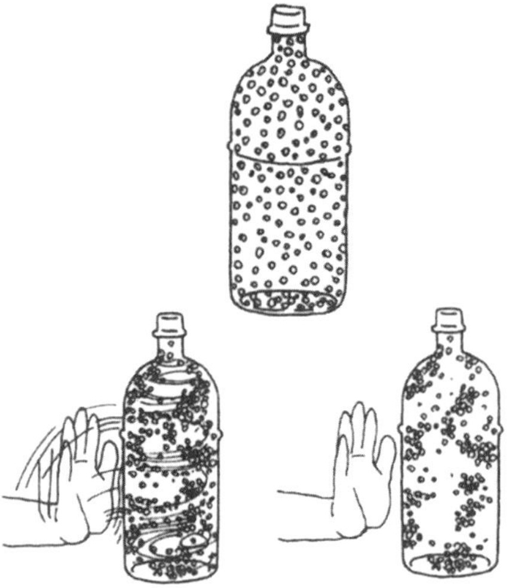

為什麼？

科學原理解答

刮開的保麗龍，由於摩擦產生靜電，顆粒帶電，互相排斥，於是會在瓶子裡分散。手靠近瓶子，保麗龍顆粒與手的電荷相斥而移動，收回手則恢復原狀。

要注意的是，這個實驗要在冬天天氣乾燥的時候進行，這是因為空氣比較乾燥，容易產生靜電。

16

燈管不插電也會發光！

不必插電讓燈管發光，你相信嗎？一起來做做看！

準備用具

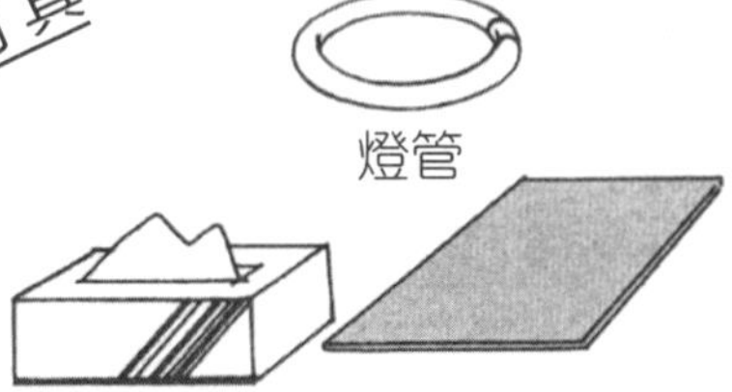

燈管、面紙或軟布、塑膠墊

1

用面紙或軟布摩擦塑膠墊。

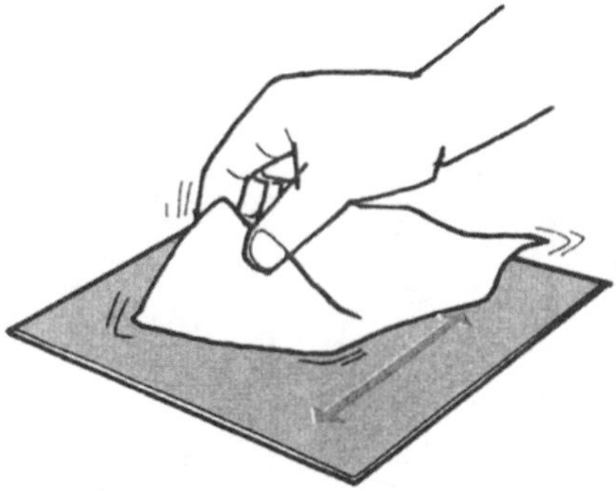

2

把房間燈光關掉或窗簾拉起，讓室內變暗。拿起塑膠墊靠近燈管，會看見燈管發出微光。

為什麼？

科學原理解答

用面紙或軟布摩擦塑膠墊，塑膠墊會產生靜電，使燈管內側塗布的螢光物質發光。在靜電現象特別明顯的冬天，還可以用剛脫下的毛衣使燈管發光。

也可以這麼做

如果用的燈管不是環形而是棒狀，摩擦塑膠墊，靠近燈管，除了會發光，燈管還可能會跟著塑膠墊移動，這也是靜電的作用。

17

人體電池

你的身體竟然可以變成電池？一起來感受什麼是「電」，挑戰人體電池！

準備用具　銅、鋁兩種金屬片、砂紙

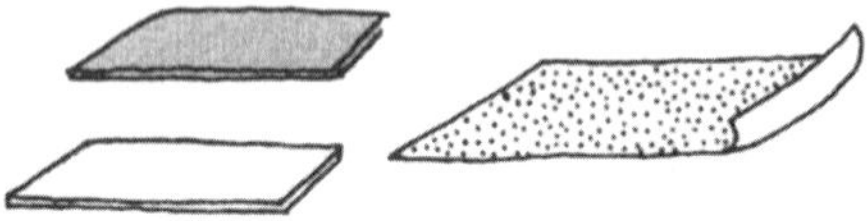

1　以砂紙摩擦兩種金屬片。

2　用手拿起兩片金屬片，上下夾住舌頭。

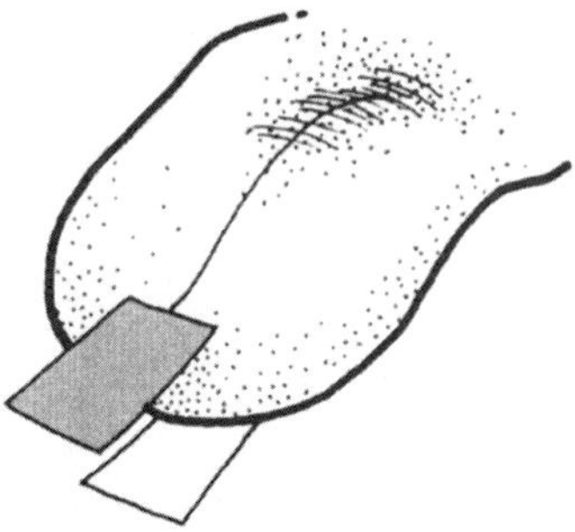

3

與金屬板接觸的舌頭，會突然感受到苦味。

為什麼？

科學原理解答

有兩個金屬片電極，有唾液，這就是基本的電池。在金屬片上流通的電流，會刺激舌頭感受味道的組織（稱為「味蕾」），使人嚐到苦味。像我們治療蛀牙，有些是填補金屬材質，因此吃東西的時候湯匙如果碰到這些金屬部分，就會嚐到奇怪的苦味，這種現象與人體電池的原理相同。由於這個實驗金屬的離子會溶在唾液裡，所以做完實驗請趕快漱口。

18

鐵釘變銀釘

想要學煉金術嗎？一起來把鐵釘變銀釘吧！

準備用具 蠟燭、鐵釘、鉗子、一杯水

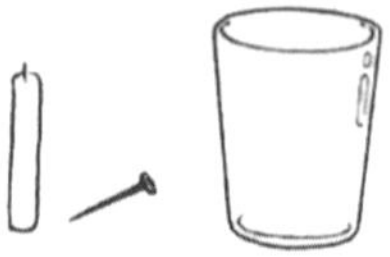

1 點燃蠟燭，用鉗子夾住鐵釘，在火焰上面加熱。請注意不要被燙到，要有耐心。

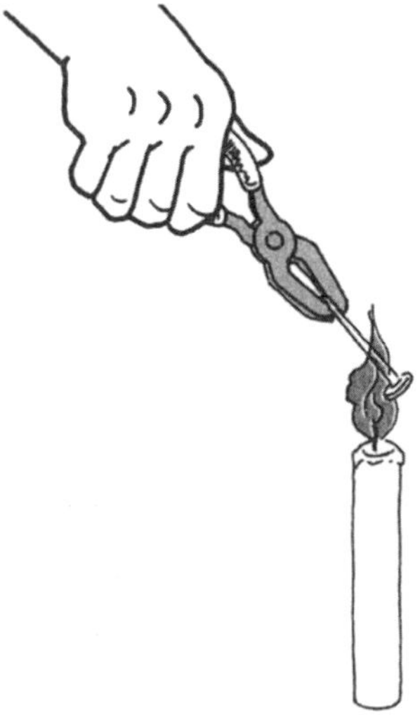

2 不久，火焰會開始冒黑煙，把釘子染得黑黑的，再把變黑的釘子放入裝水的杯子裡。

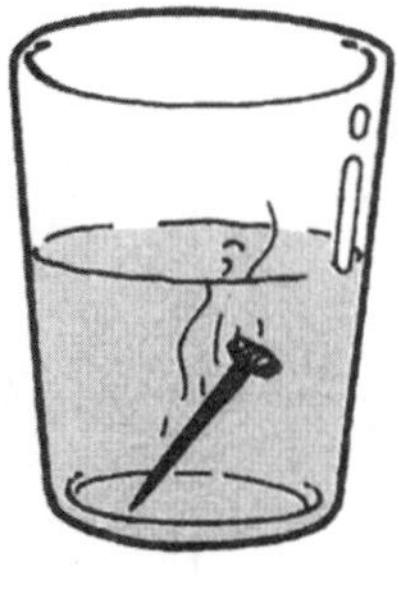

3

原本變黑的釘子，竟然發出銀色的亮光！

為什麼？

科學原理解答

蠟燭火焰燒釘子，釘子變黑，並不是因為釘子燃燒，而是因為蠟燭沒有完全燃燒的碳，附著在釘子上。變黑的釘子放入水裡，會吸附水裡的空氣，形成一層空氣薄膜，看起來好像發出銀色的光芒，其實銀色光芒是空氣薄膜的反光。

19

刺不破的氣球

用針刺氣球會怎樣？竟然刺不破？你知道為什麼嗎？

準備用具

氣球、膠帶、針

1

將氣球吹大。

2

把兩公分左右的膠帶，貼在氣球表面。

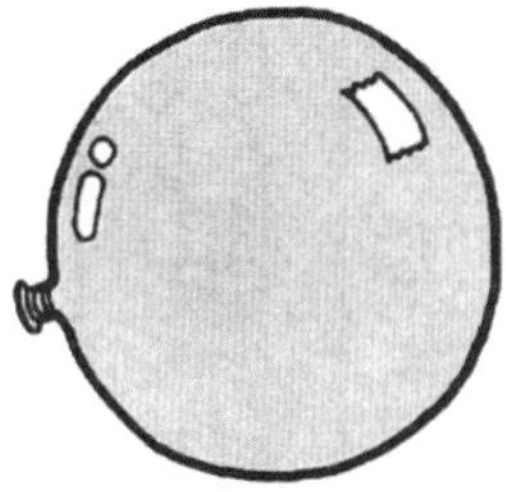

3

拿針刺膠帶，針刺進去，氣球竟然不會破。

也可以這麼做

吹好的氣球，貼上兩個膠帶，分別以細鐵絲穿刺，氣球還是不會破。

科學原理解答

為什麼？

膨脹的氣球，是內部空氣壓力與橡皮彈力呈現平衡的狀態，如果用針刺氣球，會造成空氣向外散逸，橡皮快速收縮，使氣球破裂，發出爆破聲。

但是，先貼好膠帶再拿針刺，橡皮會被膠帶黏住，而不會裂開或收縮，所以氣球不會破裂。

由於橡皮的彈力會使氣球破裂，因此在氣球吹氣口或鬆弛的部分，不用貼膠帶，直接用針刺氣球，氣球也不會破。

20

硬幣放大鏡

想看清楚小字或小東西，有放大鏡真方便。沒有放大鏡怎麼辦？如果你有一枚神奇硬幣就沒問題！

準備用具

一枚中央有洞的硬幣、滴管

1

硬幣要選中央有洞的。

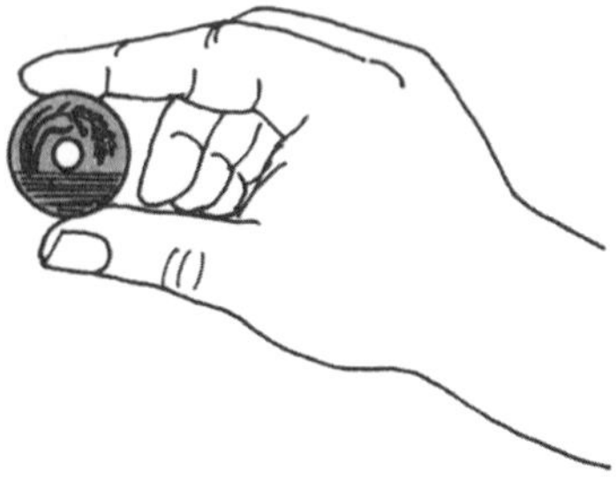

2

拿滴管在硬幣中央的孔洞，滴一滴水，形成水膜。

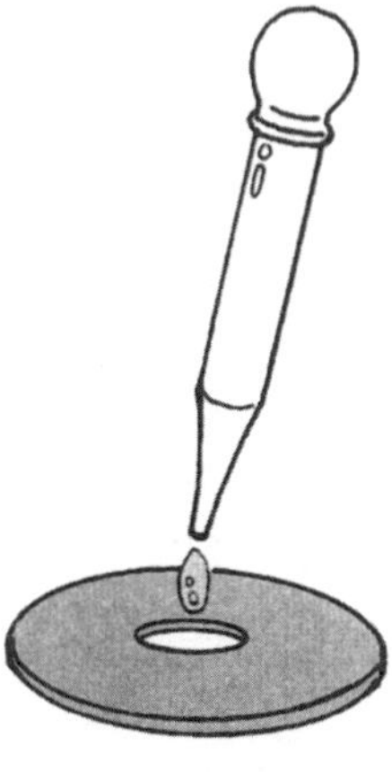

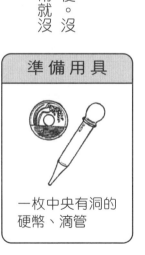

3

水平拿取硬幣，透過水膜看字，字會變大，作用就像放大鏡一樣。

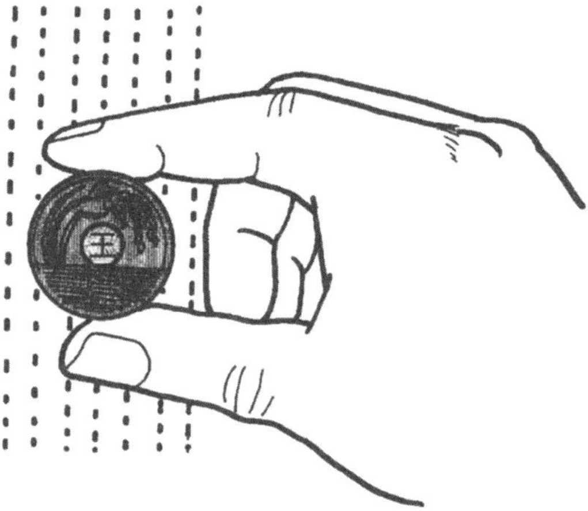

為什麼？

科學原理解答

在硬幣中央滴下的水，會因為表面張力的作用，使表面積儘量縮小，因此形成透鏡的形狀，具有放大鏡的效果。由於表面張力的力量校小，如果水量過多，會因為重量而滴下來，無法形成水膜，因此水量不要過多，恰好可以填入硬幣即可，讓表面張力自然形成水膜。

水在硬幣的凹洞會形成凸透鏡的形狀，就像玻璃透鏡一樣，具有放大鏡的作用。

拿取硬幣放大鏡的時候，要注意不可直立，以免因為重力的關係，水膜變形，無法形成透鏡的形狀，便無法將影像放大。

21

燈管不插電也會發光！另一個方法

前面試過不插電讓燈管發光，這次換一個方法，但是一樣不插電！

準備用具

瓦斯用完的拋棄式打火機、螺絲起子、四十瓦以下的燈管

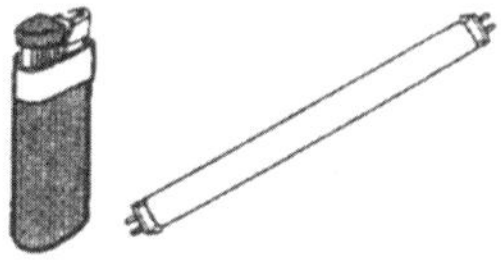

1

分解打火機，取出開關的零件（壓電素子）。分解打火機不容易，請用螺絲起子等工具。

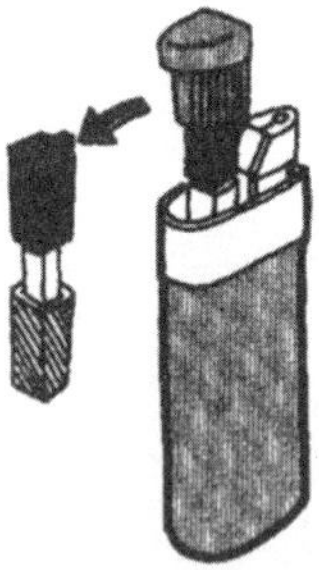

2

以手握住燈管一端的金屬部分。

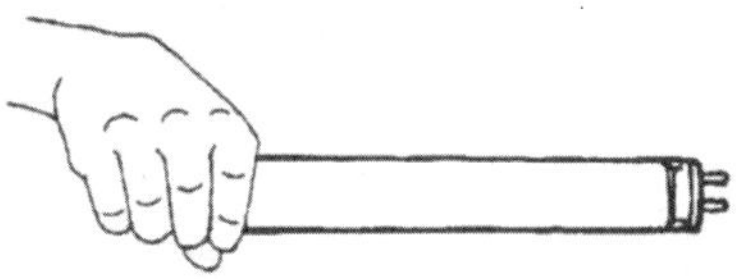

3

將取出的壓電素子，摩擦燈管另一端的金屬部分。壓電素子放電時，燈管也會亮一下。

為什麼？

科學原理解答

壓電現象（piezoelectricity）顧名思義，就是一些材料受到壓力時，兩端會產生電壓。壓電素子會在受壓瞬間，產生出現數千伏特的高壓電，但是因為功率小，不用擔心會電死人，只會產生火花。如果在手上摩擦，會感到麻一下，但因為電流少，所以不會觸電。

壓電素子內部具有壓電陶瓷的特殊金屬化合物，是產生電壓的部分。

22 空罐閃電

自然界放電現象，每一個人都看過，就是打雷。在家裡自製閃電，一起來試試看。

準備用具

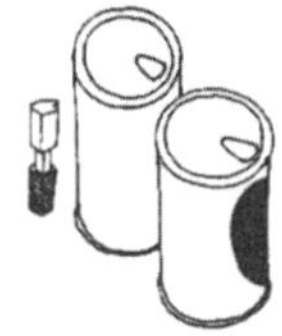

用完的拋棄式打火機，取出裡面的壓電素子。
飲料金屬空罐兩個

1

將空罐放在桌上站立，兩個罐子間隔〇．五公分，距離不要太遠。

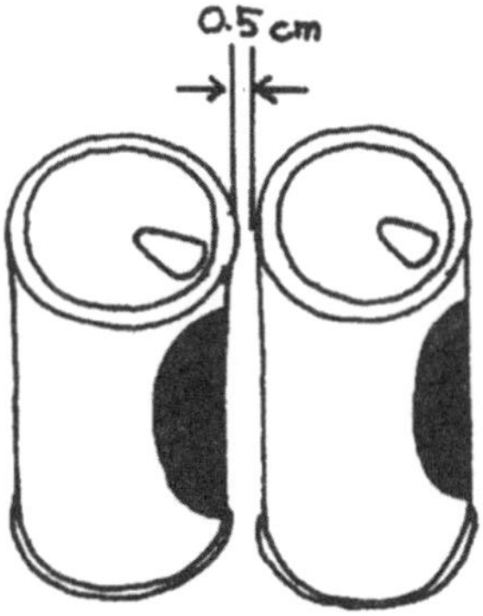

2

一手按住其中一個罐子，一手拿住壓電素子。

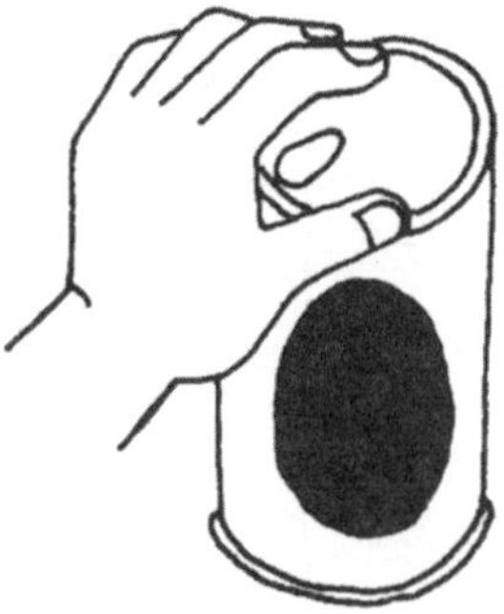

3

關掉房間的燈光或拉上窗簾，讓房間變暗。將壓電素子壓在另一個罐上，使壓電素子放電，可看見兩個空罐之間迸出火花。

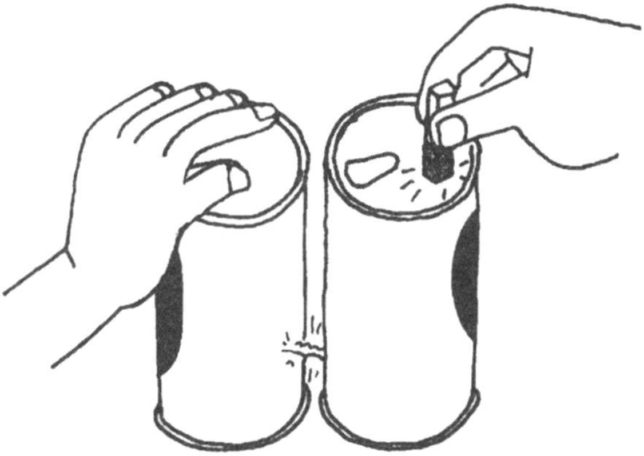

為什麼？

科學原理解答

這個實驗就是模仿打雷的時候，雷雲對大地放電的現象。壓電素子碰觸的罐子代表雷雲，另一個罐子代表地面。

放電的時候，由於接觸到壓電素子的電流，會有觸電的感覺，如果你不喜歡這種不舒服的感覺，可以先把一個迴紋針拉長，用膠帶貼在另一個罐子上，使迴紋針的另一端接觸桌面，電流會從迴紋針跑到桌面，這就是一個簡單的避雷針。

23

彈珠變乒乓球！

彈珠怎麼會變成乒乓球？在朋友面前施展這個魔術，大家一定會很驚奇。

準備用具

不用的鍋子、沙子（要乾燥）、彈珠、乒乓球、木棒（桿麵棍）、一塊可以蓋住鍋子的布。

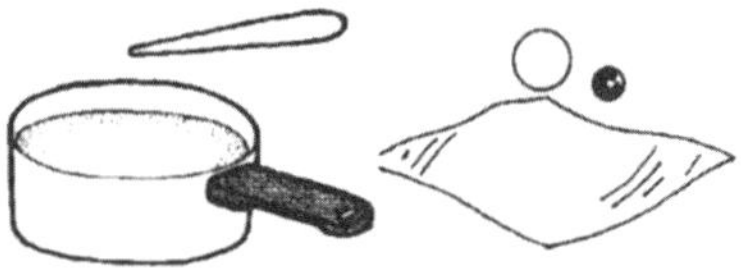

1

把沙子放在鍋裡，如果沙子不夠乾燥，可以在爐子上加熱。先放涼，再將乒乓球埋入沙子。

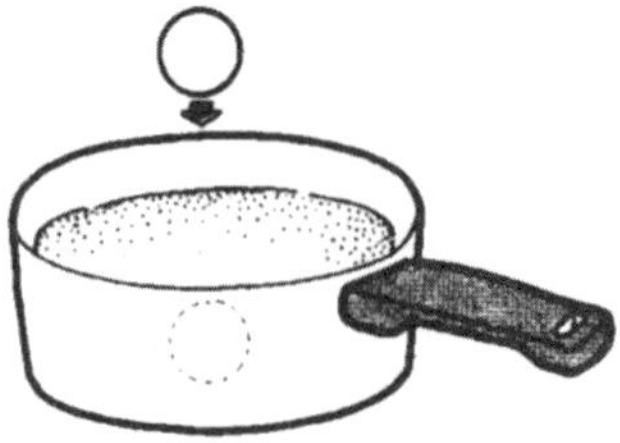

2

表演的時候，在沙子上面放置彈珠，再用手帕等布蓋住鍋子，不讓人看見。準備好了以後，開始用木棒敲擊鍋緣。

3

彈珠會隨著敲擊而沉入沙子，乒乓球則會浮起，掀開布一看，就像彈珠變成乒乓球。

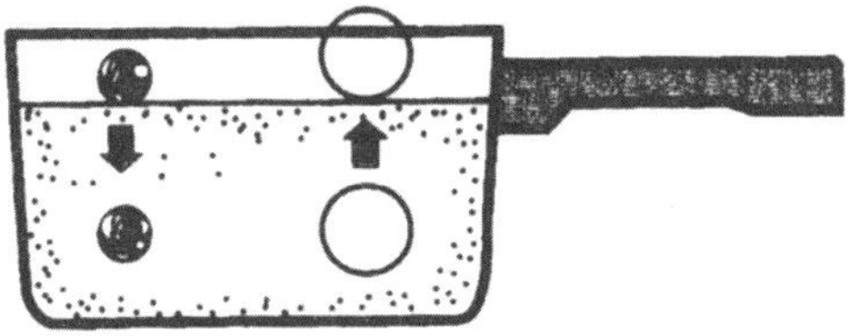

為什麼？

科學原理解答

這是利用比重的實驗。比重是物體與同體積水相比的重量比值，在這個實驗中，比重大小依序是彈珠最大、沙子次之、乒乓球最小。

用木棒敲打鍋緣，彈珠與乒乓球會震動，因為彈珠比重大於乒乓球，所以理論上彈珠會沉到沙中，乒乓球會浮上來。敲打鍋子邊緣的時候，也可以稍微左右晃動鍋子，效果會比較明顯。如果沒有沙子，也可以用米試試看。

24

快速沉沒的鐵達尼

大家都知道，肥皂水可以吹泡泡，現在我們應用肥皂水來做這個實驗。

準備用具

乾燥的肥皂、木工砂紙、雙面膠、兩個杯子、報紙、剪刀、膠水

1

把木工砂紙用雙面膠固定在桌面上，在砂紙上面磨肥皂，製作一杯肥皂粉，再用一杯溫水溶解肥皂。（也可以省略這個步驟，直接用肥皂粉泡水即可）

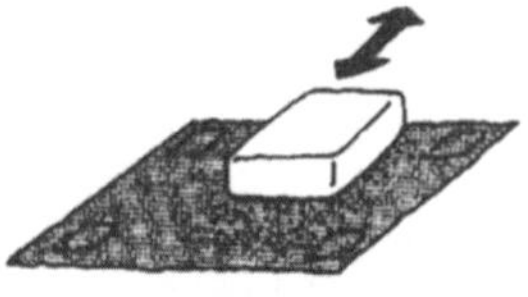

2

將報紙裁成寬兩公分，長十公分的紙條，以膠水黏成紙環，把紙環折成船的樣子，一共做兩艘船。這就是我們的鐵達尼號。

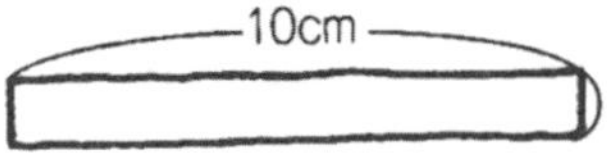

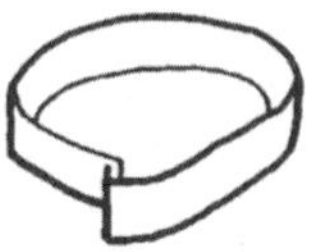

3

把兩個杯子並排放在桌上，一個裝滿自來水，另一個裝的是1所製造的肥皂水，將兩艘鐵達尼號一起放入兩個杯子。

4

船放進裝有肥皂水的杯子，會快速沉沒，而在自來水杯子裡的船，沉沒速度較慢，要等到紙完全溼透才會沉沒。

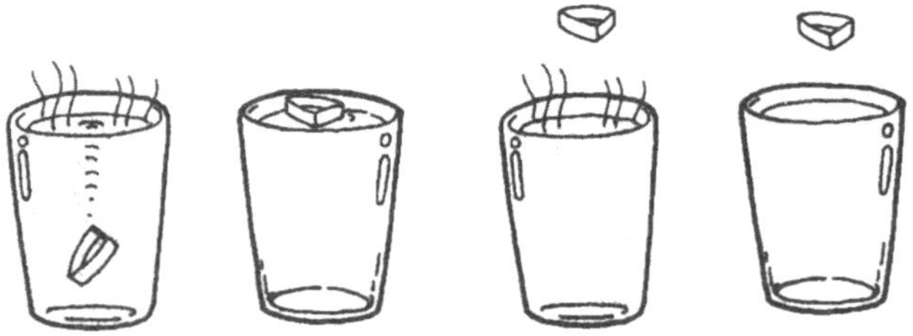

為什麼？

科學原理解答

肥皂水含有界面活性劑，可以使得水的表面張力減弱，使物體容易沾水，沾水的速度比沒有界面活性劑要快。由於肥皂水會使報紙加速吸水，所以我們的紙鐵達尼號會快速沉沒。

25 鉛錘黏住了！

不用黏膠就可以讓兩個鉛錘黏合在一起，快來試試看！

準備用具

釣魚用的鉛錘兩個、美工刀

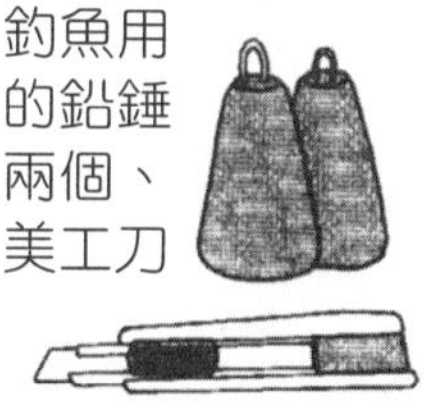

1

釣魚用的鉛錘是鉛製的，用美工刀削平兩個鉛錘的底部。

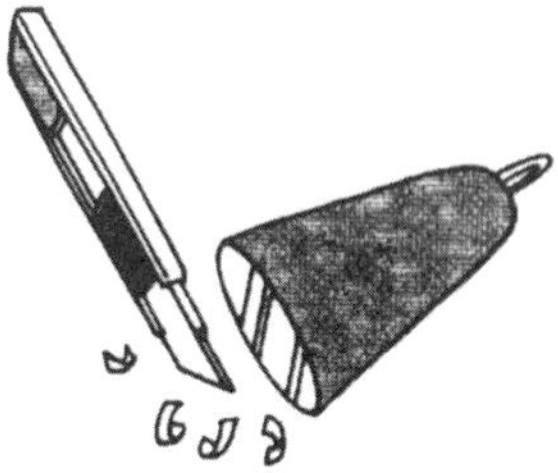

2

將削平的兩個鉛錘底部連接在一起。

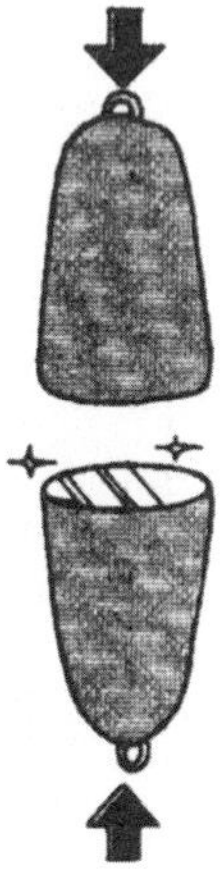

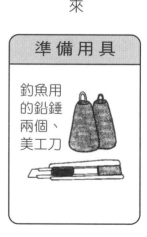

3

現在用力拉，會發現兩個鉛錘已經黏合在一起，拉不開來。

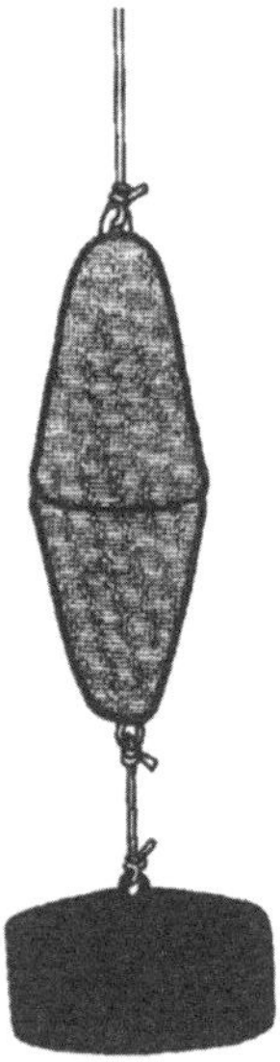

為什麼？

科學原理解答

不用黏膠，也不用水、火，就可以黏住兩個鉛錘，真是不可思議。其實鉛錘是藉由原子吸引力而黏合的。

鉛的表面看起來是黑色，這是鉛與空氣中的氧氣反應的結果。用美工刀削過，鉛錘的光面是還沒有氧化的模樣。

把兩個削好的鉛錘表面靠在一起，會發現兩個鉛錘黏合起來，不容易分開，這是因為鉛錘接觸面的鉛原子之間，具有原子吸引力。

原子吸引力很微小，我們在日常生活中幾乎無法感覺到，但兩個鉛面貼在一起，原子吸引力卻會產生很大的作用。如果用力拉開，會使鉛錘接觸面變得凹凸不平。

科學專欄

牛頓的貢獻

十七世紀英國人艾薩克．牛頓，是著名的物理學家、天文學家及數學家。在他的研究中，最有名的是萬有引力定律，這是他看見「從樹上掉下的蘋果」聯想到的法則。牛頓另外還發明微積分，被喻為現代科學之父。

為了紀念牛頓的偉大發現，在力學單位中有一個「牛頓」（N）單位。一牛頓就是「使一公斤的物體，產生每秒一公尺加速度的力量」。

牛頓所發現的三個「運動定律」，又稱牛頓定律，地球上所有力學現象都可以用這三大定律說明。

牛頓第一運動定律「慣性定律」，除非物體有受到外力，要不然保持靜止的物體，會一直保持靜止；沿一直線作等速度運動的物體，也會一直保持等速度運動。

牛頓第二運動定律「運動定律」，當物體受外力作用時，會在力的方向產生加速度，其大小與外力成正比，與質量成反比。

牛頓第三運動定律「作用與反作用定律」，當施加力於物體時，會同時產生一個大小相等而且方向相反的反作用力。作用力與反作用力大小相等、方向相反，且作用在同一直線上，因為受力對象不同，所以不能互相抵銷，兩者同時發生，同時消失。

接下來所要介紹的有趣實驗，是依據牛頓第一運動定律「慣性定律」。

與牛頓齊名的科學家，是二十世紀的愛因斯坦。

Part 2

掌聲喝采

不冷場的科學實驗

26

氣功高手

在同樂會表演這項餘興節目，一顯身手，一定可以得到掌聲喝采。現在除了要告訴你如何表演，還要告訴你背後的科學原理。

準備用具

免洗筷、叉子或刀子（或原子筆）、兩個酒杯、兩個玻璃杯

1

在桌上倒置兩個酒杯，酒杯上方分別放置兩個玻璃杯，玻璃杯要裝水八分滿，放好以後，接著要在兩個玻璃杯之間放上免洗筷，當作橋樑。

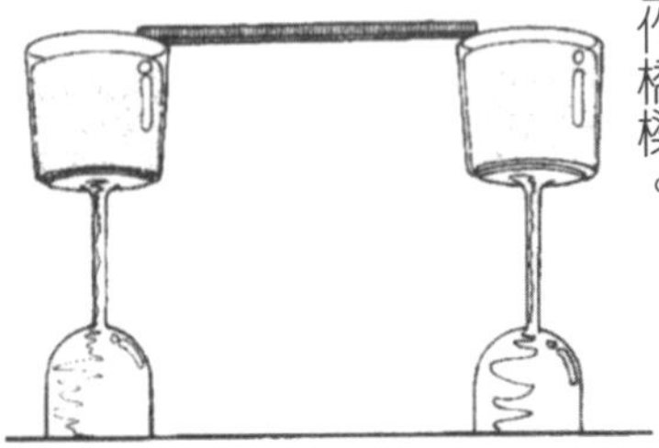

2

拿著叉子（或刀子、原子筆）朝筷子正中央快速劈下，速度要快，握緊叉子，不要遲疑。

3

結果筷子斷成兩截，掉落在桌面，玻璃杯的水絲毫沒有灑出來，表演成功。

為什麼？

科學原理解答

劈斷筷子所需的力氣很大，這股力量作用在劈下去的一瞬間，作用的部位是在筷子的正中央，這股力氣不會傳到筷子任何一端。

這個實驗背後的科學原理，是屬於牛頓第一運動定律「慣性定律」，但是如果劈斷的動作稍有遲疑，或是感到害怕而沒有果斷劈下去，或是用力太小，玻璃杯的水就可能會灑出來，或是酒杯斷裂，因此表演之前不妨多多練習。

27 火柴棒變星星！

這個實驗簡單又有趣，只需要五根火柴棒。

準備用具

火柴棒、吸管

1

自火柴棒中央，把火柴棒折彎，注意折的地方不可以斷開，接著把五根折好的火柴棒，如圖排列成圓形。

2

拿吸管在火柴排列中心滴一兩滴水，注意水不要太多。

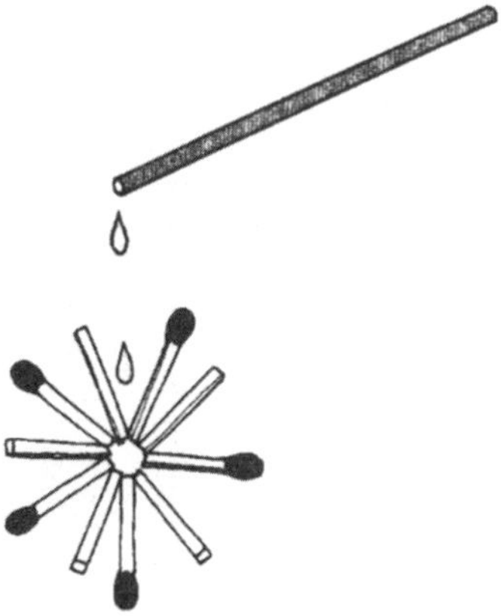

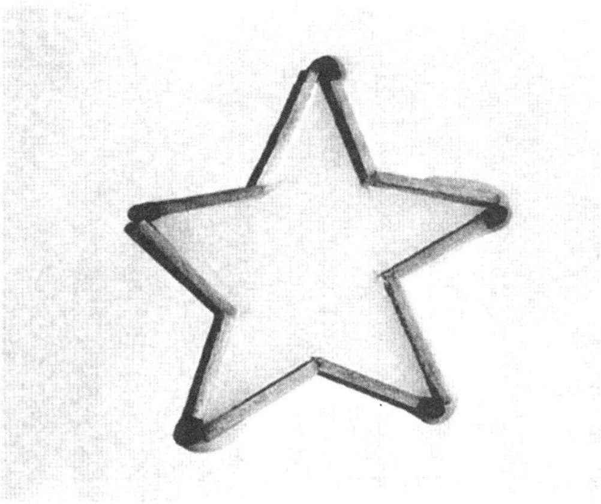

3

彎折的火柴棒，一吸水就開始變形，不久變成星形。

為什麼？

科學原理解答

火柴棒是用木材製成，木材裡面有許多小孔，當水滴下，木材組織會吸收水分，於是折彎部分跟著膨脹、伸展，角度逐漸變大，相鄰的火柴棒排列在一起，形成美麗的星形。如果火柴棒的伸展不夠，可能是水不夠，或是折得太用力把火柴棒折斷，切記只需折彎不可折斷。

28 搶救千元大鈔

千元大鈔被壓在兩個酒瓶中間，想一想，要怎樣才可以不接觸或移動酒瓶，拿到千元大鈔呢？

準備用具

空酒瓶兩個、千元紙鈔（或百元紙鈔）一張

1 將兩個空酒瓶瓶口相對，放在桌子上站穩，兩瓶口中間夾住紙鈔。

2 輕輕捏住千元紙鈔的一端，使紙鈔平整展開，與桌面保持水平。

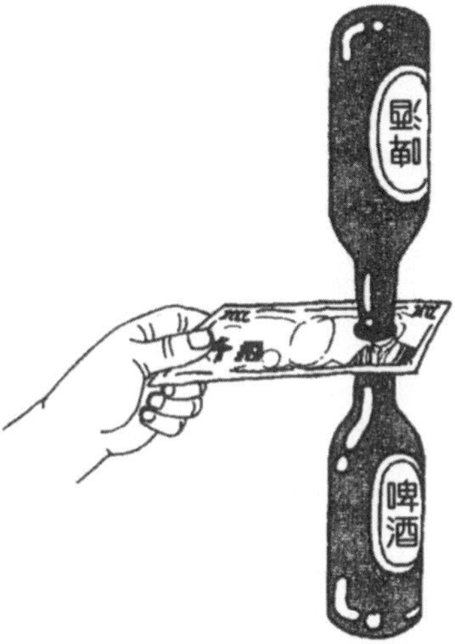

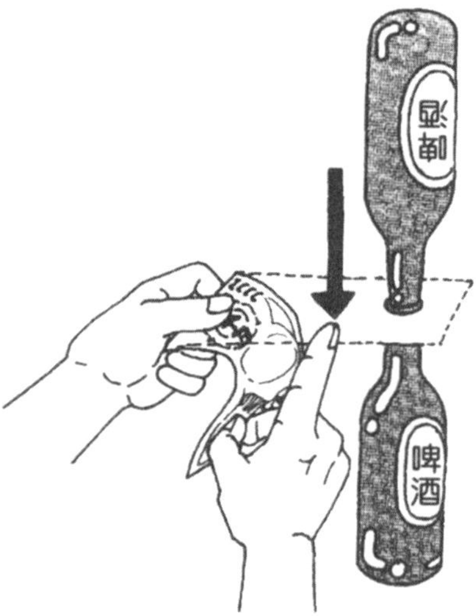

3

在2平整展開的紙鈔與空酒瓶口之間，用力以另一隻手的食指迅速切下，順利抽出千元紙鈔，兩個瓶子依然站立在桌面上，紋風不動。

為什麼？

科學原理解答

有一種慣性定律，也就是物體剛開始承受外力時，依舊會維持原本的運動狀態，所以想要移動靜止的物體，或想要制止運動中的物體，都需要施加額外的力量。

這兩個瓶子同樣具有這種慣性定律，手指切下的力量，會藉由紙鈔將力量傳遞給瓶子，不過因為時間很短，力量也不大，所以可以抽走紙鈔，而不會晃動兩個瓶子。

但是如果手指的速度不夠快，或是施加在紙鈔的力量太大，瓶子可能就會倒下，甚至紙鈔也會破掉，所以可以事先用廢紙練習，掌握秘訣。

29

十元硬幣變小了？

一個洞，恰好可以讓一枚一元硬幣通過。現在拿一枚十元硬幣，竟然也可以通過。洞並沒有變大，難道十元硬幣變小了？這是怎麼做到的？我們來看看這個拓樸幾何（topology）的實驗。

準備用具

紙、一枚十元硬幣、一枚一元硬幣、剪刀

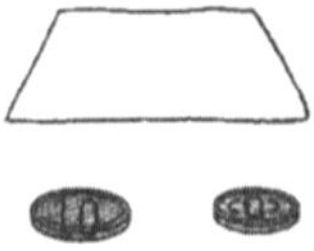

1

在紙的中央依照一元硬幣的大小，剪出一個洞。把十元硬幣放在洞上試試看，這個洞顯然比較小，是十元硬幣無法通過的。

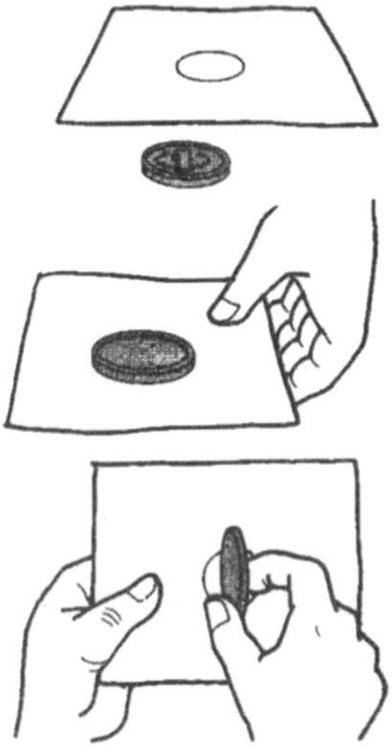

2

接著將紙對折，注意折痕為半圓處。

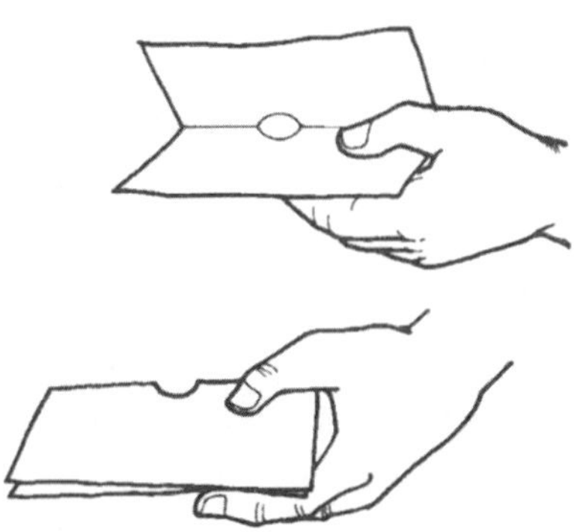

3

將紙張豎起，半圓洞置於下方，從上方放入十元硬幣，十元硬幣會卡在洞中。

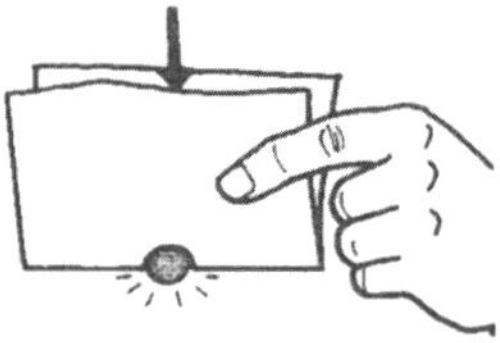

4

雙手分別抓住紙的兩端，稍微朝中央彎曲提高，十元硬幣就會落下。

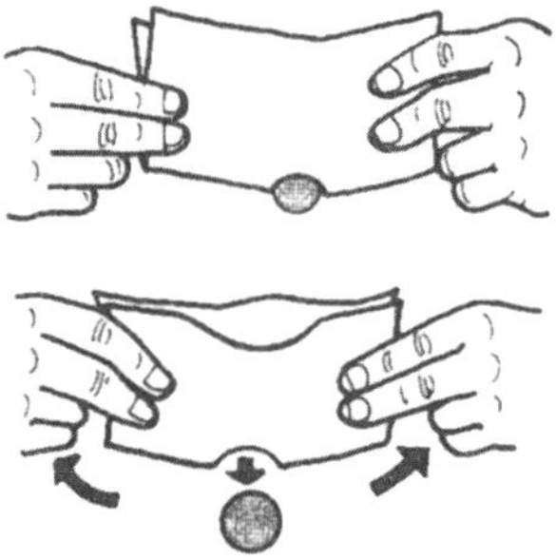

為什麼？

科學原理解答

在紙上開一個洞，這個洞原本屬於二度空間的圓形，現在扭曲這個洞，就會在三度空間中變形為橢圓形。

橢圓的長度大於圓形直徑的長度，所以一元硬幣大小的洞，卻可以讓十元硬幣通過。

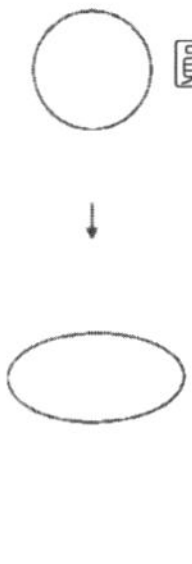

30

橡皮筋與迴紋針的約會

分開的橡皮筋與迴紋針，最後竟然會串在一起，用一張紙鈔就可以做到喔！

準備用具

紙鈔一張、比紙鈔大的橡皮筋一條、迴紋針兩個

1 將紙鈔展開，橡皮筋套在中間。

2 將紙鈔折成英文字母Z字型。

3 將兩個迴紋針分別夾在紙鈔的兩側，如圖，注意迴紋針不要夾住橡皮筋。

4

手持紙鈔的兩端，向左右慢慢拉開，等到紙鈔展開，兩個迴紋針也會連結在一起，套入橡皮筋中。

為什麼？

科學原理解答

如果失敗，請注意是否迴紋針夾錯位置，仔細觀察前面的圖，只要夾對位置，這個實驗就不會失敗，可以用一般紙先多試幾次，等成功再用紙鈔練習。左右拉開紙鈔的速度不用太快，以免撕破紙鈔。相信經過練習，每一個人都可以做到。

31

瓶子裡的火圈

這是一個浪漫的科學實驗，請關掉房間的電燈，讓房間變暗，效果會更好。

準備用具

威士忌、白蘭地等透明空瓶、打火機、香菸

1

請大人協助，將香菸點燃，煙吹入空酒瓶，要訣是速度要慢。

2

雙手握住瓶子，一手緊壓瓶口，搖晃瓶子使煙分佈均勻。

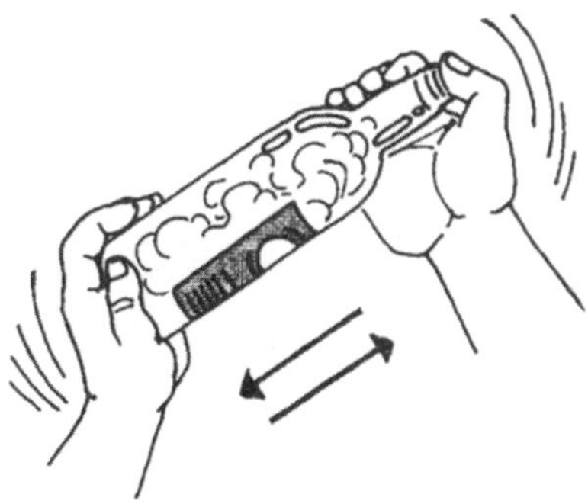

3

關掉房間的電燈，讓房間變暗，將打火機點燃，靠近瓶口，會出現「碰」的一聲，瓶口產生藍白色火焰，向瓶子下方移動。

為什麼？

科學原理解答

藍白色火焰是瓶子殘餘酒精燃燒的現象，瓶子裡原本就有殘餘的酒精，這個實驗重點在於香菸的煙。由於煙的微粒含有碳，碳會使殘餘的酒精燃燒。

32 時光車回到未來！

重現電影「回到未來」，時光車穿越時空。

準備用具

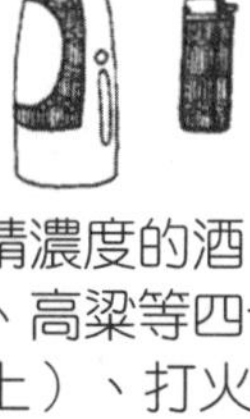

高酒精濃度的酒（伏特加、高粱等四十五度以上）、打火機

1

以兩隻手指沾取一些酒，在桌上畫兩條線，線的先端要交叉在一起，如圖。

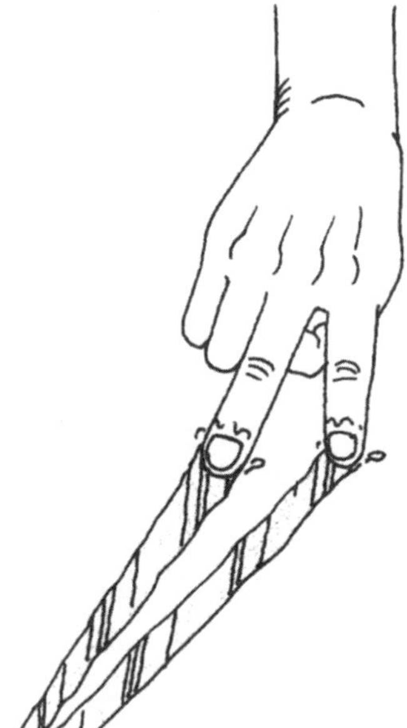

2

在酒液線條尖端點火。

3

沿著酒液線條，掠過一條火線。表演的時候事先畫好酒液線條，等到藍白的火焰消失後，桌上並不會留下痕跡，保證觀眾都會感到不可思議。房間變暗，效果會比較好。

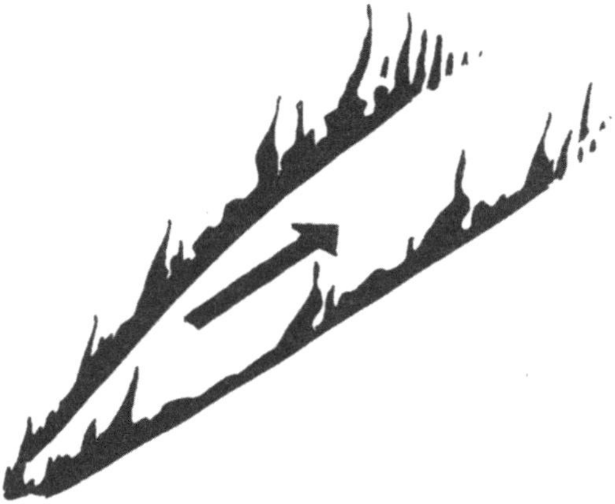

為什麼？

科學原理解答

這個實驗所用的酒，酒精濃度要高，實驗才能成功。例如伏特加、高粱酒等都可以。在室溫下，酒液線條會蒸發酒精氣體，點燃就會燃燒。

液體加熱變成氣體，會帶走熱，叫做蒸發熱，夏天在院子或馬路上灑水會感到涼快，就是因為水的蒸發帶走了周圍的熱。

雖然酒精燃燒的藍白火焰會發出高熱，酒精的燃點為120℃，桌子木材的燃點為400-470℃，因此溫度不足以燒焦桌子。

如果酒液不易點燃，可以把酒加溫再試。

33

刺穿雞蛋

用鐵籤可以刺穿生雞蛋，蛋卻不會破裂。沒有任何機關，也沒有將生蛋換成熟蛋。

準備用具

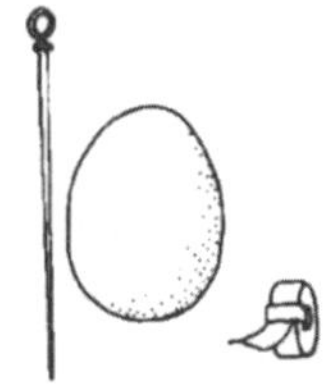

生蛋、尖銳的烤肉鐵籤、膠帶

1

在生雞蛋的兩處貼上一公分長的膠帶。如圖。

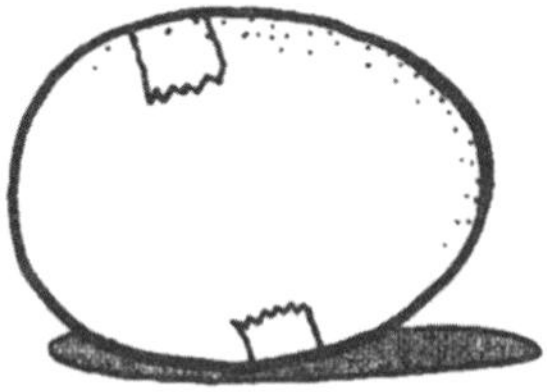

2

從貼膠帶位置，刺入鐵籤。

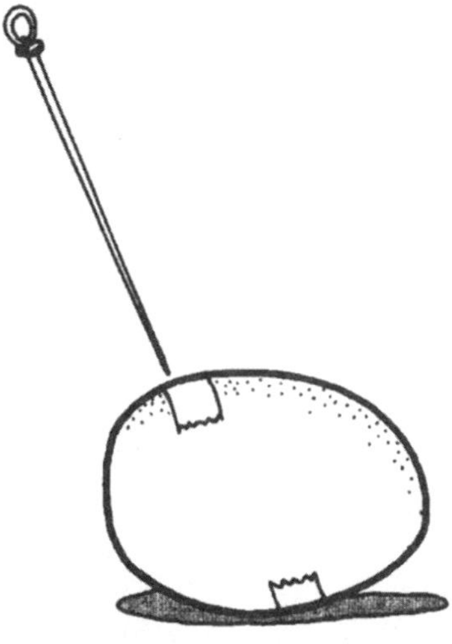

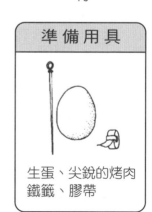

3

從另一側膠帶處刺穿，蛋不會破。

為什麼？

科學原理解答

鐵籤刺入蛋殼，蛋殼會裂開，但因為有膠帶黏住，裂痕不會擴大，所以蛋不會破裂。

這個實驗與前面刺氣球具有相同的原理，表演時可使用隱形膠帶，讓膠帶位置不明顯，觀眾不易察覺，表演會更具效果。

34 磁帶蛇

利用廢棄錄影帶，可以進行這個有趣的實驗。

準備用具

不要的錄影帶、紙杯、十字起子、剪刀、鋁箔、溼毛巾、塑膠墊、膠帶、黏膠

1

打開錄影帶蓋子，鬆開上面的五個螺絲，卸下外殼，取出磁帶，剪下一段約二十~四十公分長的磁帶。注意抽取要小心，不要太用力，以免磁帶被拉鬆或扯斷，會捲曲拉不開。

2

在紙上畫蛇眼，剪下，貼在磁帶一端。切開紙杯，留下五公分高的上半部，以鋁箔從杯子下方包覆起來，製成放蛇的竹簍。

3

將磁帶另一端視為蛇尾，用膠帶黏在竹簍底部，然後在竹簍外面墊一塊擰乾的溼毛巾。

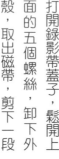

4

從下方的蛇尾開始，將磁帶盤捲在竹簍中。盤好以後，以衣袖等摩擦塑膠墊，放置在竹簍上方，會看見蛇趁勢飛起。

科學原理解答

為什麼？

錄影帶的磁帶上面塗有磁性物質，具有磁力，可記錄影像、聲音等資訊。這些磁性物質當然會受到磁鐵或靜電所吸引。

由於靜電作用力較弱，這個實驗最好在乾燥的冬天或室內進行，比較適合。

如果沒有錄影帶，可以用廢棄錄音帶代替，但因為錄音帶的磁帶較細，彈力比較不明顯，蛇跳躍的效果比較不好。

35

磁鐵與鈔票起舞

磁鐵會吸引鐵，但你知道嗎，紙鈔也會被磁鐵吸引！

準備用具

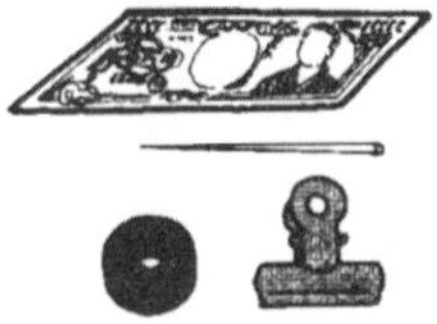

新紙鈔、縫衣針、鐵夾、磁鐵（最好是強力磁鐵）

1

鐵夾夾住縫衣針，使針尖端朝上，與地面垂直。

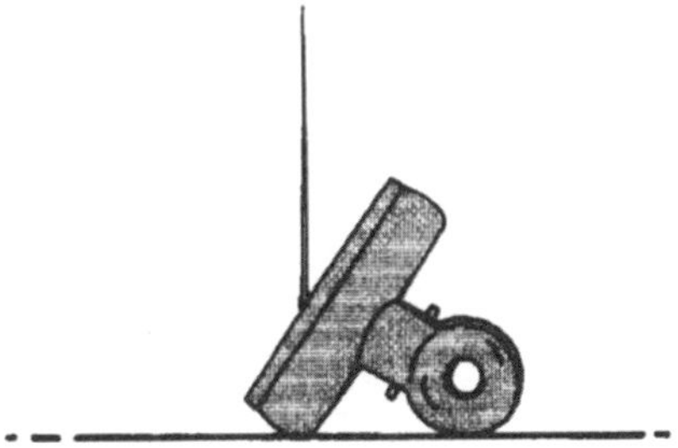

2

鈔票縱向對折，中心置於針尖，保持平衡不動。

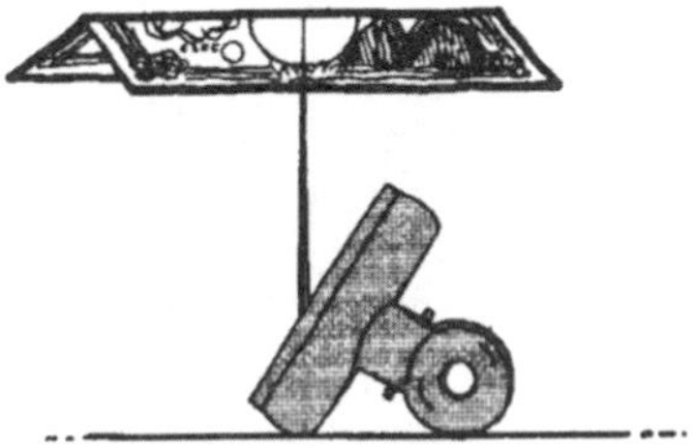

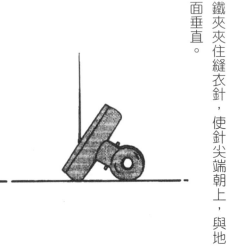

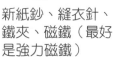

3

拿著磁鐵靠近鈔票，鈔票會被吸引而開始旋轉。

為什麼？

科學原理解答

印製紙鈔的墨水，含有微量的鐵，會受到磁力的影響。自動販賣機具有感應紙鈔真偽的功能，這個功能就是利用磁鐵感應器來感應紙鈔上面的墨水，藉以分辨假鈔。如果鈔票比較舊，墨水不清，自動販賣機也不接受。

如果需要強力磁鐵，可以到文具店或書店買到。一般的磁鐵也可以做這個實驗，不過紙鈔旋轉的情形可能比較不明顯。

36

氣泡消失的啤酒復活了

啤酒剛打開倒出來的時候會起泡，但過一陣子泡沫會消失。怎樣才能讓氣泡消失的啤酒，再度產生氣泡呢？

準備用具　啤酒、玻璃杯、食鹽

1　將啤酒倒入玻璃杯，等待氣泡消失。

2

在氣泡消失的啤酒裡面灑一撮鹽，會看見食鹽顆粒表面會產生氣泡，一下子溢出啤酒杯。

為什麼？

科學原理解答

在觀眾面前表演這個科學魔術，注意不要讓人看見灑鹽的動作，效果會很驚人。

啤酒的氣泡消失又出現，但啤酒加入食鹽，會變得很難喝。這些氣泡其實是二氧化碳氣體。如果你想為消氣的啤酒補充氣泡，可以在啤酒裡面放入乾冰，先用杯蓋蓋住，暫放一會兒，乾冰還可以使啤酒變得更冰涼。

另外還可以用砂糖代替食鹽，也會使啤酒起泡。碳酸飲料和啤酒一樣有許多二氧化碳氣體，也可以用碳酸飲料來做這個實驗。

37

乾坤大挪移

酒變水，水變酒！

準備用具

紅酒或玫瑰紅、相同的杯子兩個、撲克牌或可以吸水的紙杯墊一張、布或毛巾一條

1

兩個杯子裡分別倒入酒和水，一個裝酒，一個裝水。

2

在放水的杯子上面，蓋上撲克牌，用手按住，將杯子倒轉，放在裝酒的杯子上，調整位置，使兩個杯子的杯緣恰好吻合。如果怕酒水溢出，下方可以墊一塊布、或毛巾。

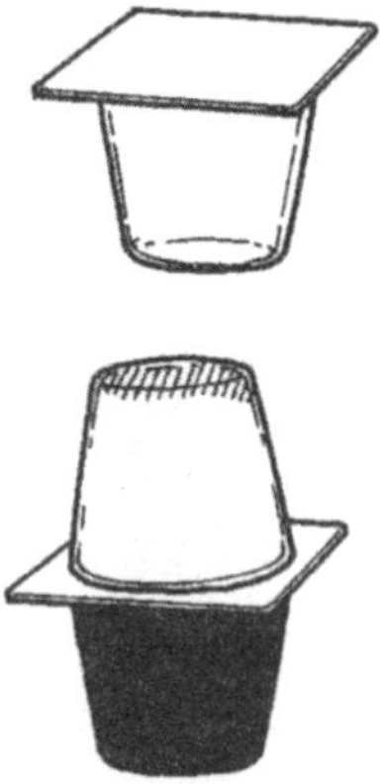

3

慢慢將兩個杯子中間的撲克牌抽出，小心不要流出來，抽出來以後，水與酒混合在一起。如果是用有吸水性的紙杯墊就不必抽開。

4

保持不動，這時可以觀察到，水與酒漸漸在互換。最後，酒會浮到上方，而水則沉在下方。將撲克牌插入杯子中間，分開兩個杯子。如果不相信，可以請觀眾喝喝看，確定酒水真的互相調換位置了。

為什麼？

科學原理解答

如果杯子沒有拿好，水、酒會漏出來，會很漏氣，因此操作時請小心。

酒水互換位置，是因為酒比水輕而產生的現象。在水上滴一滴油，油會浮在水面，這就是因為油比水輕。酒精也是比水輕的液體，由於紅酒含有酒精，所以紅酒是比水輕的液體。

把水放在酒上，重的水會向下沉，輕的酒會浮起，而產生上下互換的情形。

38

腳踮不起來了！

踮腳是一個簡單的動作，卻可以讓你做不到。

1

把房門打開，貼著門緣站立，注意鼻尖和胸腹部要接觸門緣，雙腳自然站立在門的兩邊。

2 這時請試著踮腳，你會發現腳跟離不開地面。

為什麼？

科學原理解答

觀察人的動作，會發現人在移動的時候，是隨著重心移動，所以如果妨礙重心移動，動作就無法做到。

想要踮腳，身體的重心必須向前移，但因為前方被門擋住，重心無法移動，因此雙腳自然沒辦法踮起來囉！

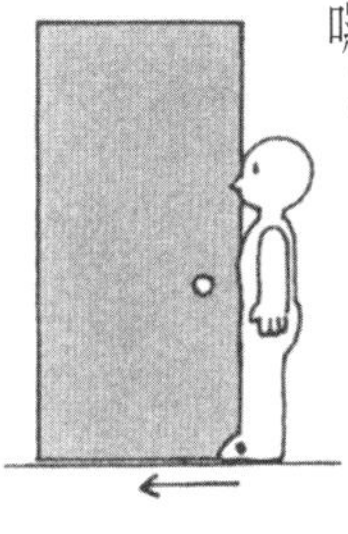

39 四兩撥千斤

好高深的功夫！一根手指可以輕鬆打敗拳頭。

1

這個實驗需要兩個人。一個人先伸直雙臂，用力握拳，將拳頭上下相疊，不可鬆開（站姿或坐姿皆可）。手臂一定要伸直。

2

你用自己的雙手手指，輕輕按住對方拳頭的兩個手背。

3

稍微用力即可分開拳頭。

為什麼？

科學原理解答

以手握拳，上下相疊，這時力量集中在相疊處，這時另一個人以食指按在相疊拳頭的手背，輕輕往旁邊推，就能使拳頭分開。

用力相疊拳頭，施力朝向相疊處，伸直的手臂從肩膀用力，如果想要抵抗手指側向的力量，要彎曲手肘，否則不好施力。用一根手指可以撥開用力的拳頭，這個實驗可以體驗到「四兩撥千斤」的效果。

40 在水裡燃燒的蠟燭

蠟燭的火焰沉入水裡也不會熄滅，怎麼做到的？

準備用具　粗蠟燭、火柴、杯子

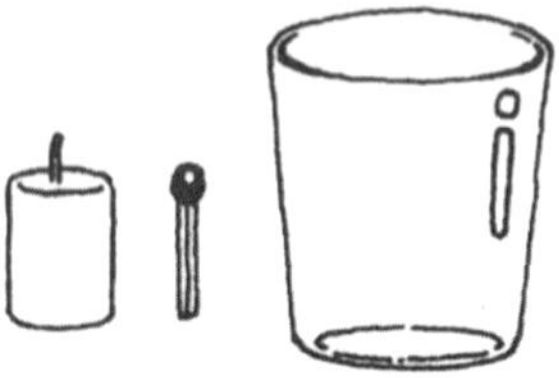

1 點燃蠟燭，將蠟滴在杯底固定蠟燭。

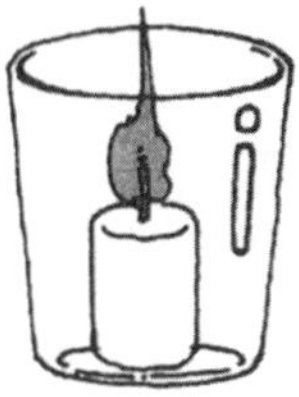

2 慢慢在杯中加水，一直加到剛好不會掩蓋燭火的高度，讓蠟燭燃燒，等待蠟燭燒短。

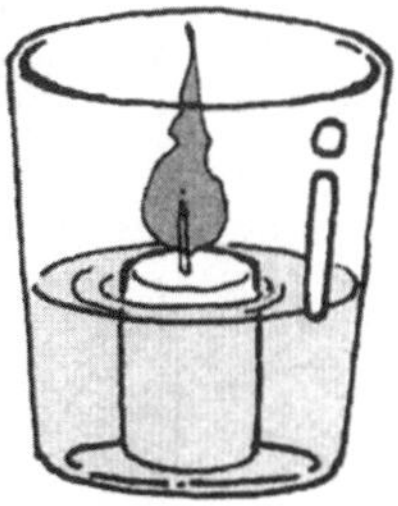

3

蠟燭越燒越短，看起來燭火已沉入水裡，卻不會熄滅。

為什麼？

科學原理解答

蠟燭是固體，因為火焰燃燒發熱，溶化成液體，液體受熱汽化成為氣體而燃燒。蠟燭燃燒變短，降到水面以下，但是燭火不會熄滅，這是因為蠟燭外緣部分接觸水而冷卻，變成固體，攔住水不會淹沒燭火，就像防波堤一樣。等到燭蕊完全浸入水面，火焰由於缺乏空氣才會漸漸熄滅。

蠟燭要先在杯子裡面固定好，如果搖晃，水容易沾溼燭蕊，會讓蠟燭熄滅。

41

鞠躬的火焰

朝火焰吹氣，火焰會搖晃，朝左吹，火焰會往左邊；往右吹，火焰會往右邊。吹火焰，火焰反而會向你鞠躬喔！

準備用具　蠟燭、火柴

1

點燃蠟燭。

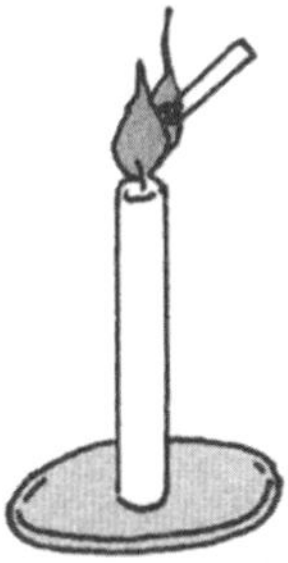

2

站在距離蠟燭三十公分左右，將手指拼攏，接近蠟燭。

3

朝手背吹氣，蠟燭火焰不往後倒，反而會朝你的身體傾倒，看起來就像在鞠躬一樣。

為什麼？

科學原理解答

朝手背吹氣，手與蠟燭之間會因為白努利定律，造成氣壓下降。白努利定律是指，流體的速度增加，會造成壓力減小。在這個實驗裡，流體就是氣體。吹氣的時候，造成流動氣體的壓力變小，火焰會因此朝壓力小的方向移動，所以看起來就像是朝吹氣者鞠躬。

白努利定律還會出現在高速移動的汽車或飛機，在後方形成一股拉力。即使引擎的力量多麼強，這股力量會造成抵抗，所以高速行進的車身（機身）後方都裝有特殊裝置，會干擾氣流的速度。

42

蚊香的煙消失了

蚊香的煙好臭，要怎麼使它消失呢？只要一根火柴就辦得到。

準備用具

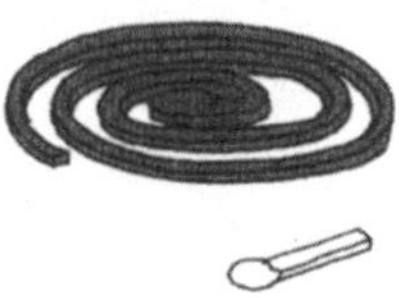

蚊香、火柴

1

點燃蚊香。

2

蚊香燃燒的煙穩定以後，接著點燃火柴。

3

將燃燒的火柴伸入蚊香的煙，會看見火柴火焰附近的煙消失了。

為什麼？

科學原理解答

蚊香燃燒的煙含有二氧化碳、水蒸氣和碳微粒等，碳微粒是不完全燃燒的可燃物，會隨著氣流上升，變成看得見的煙。這些微粒被火柴火焰加熱，因為燃燒而汽化消失，所以煙就跟著消失了。

43

控制煙霧

煙霧會聽話，可以自動控制的煙霧，你看過嗎？

準備用具

線香、火柴、塑膠煙管、塑膠布（尼龍）等

1

點燃線香。

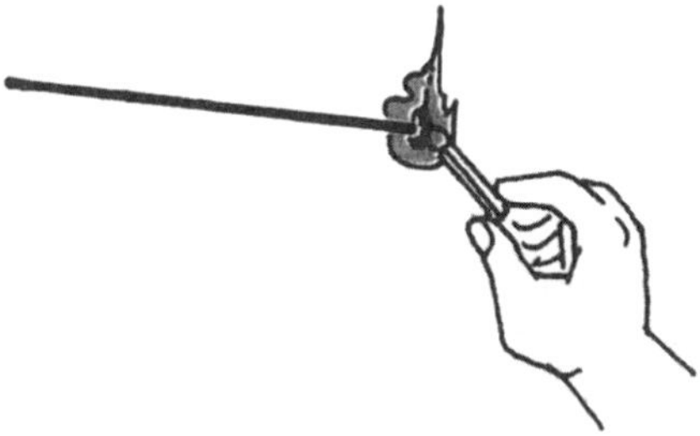

2

以塑膠布摩擦塑膠煙管。

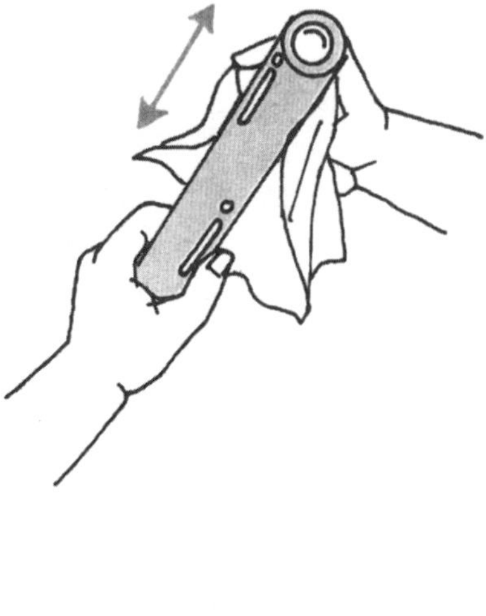

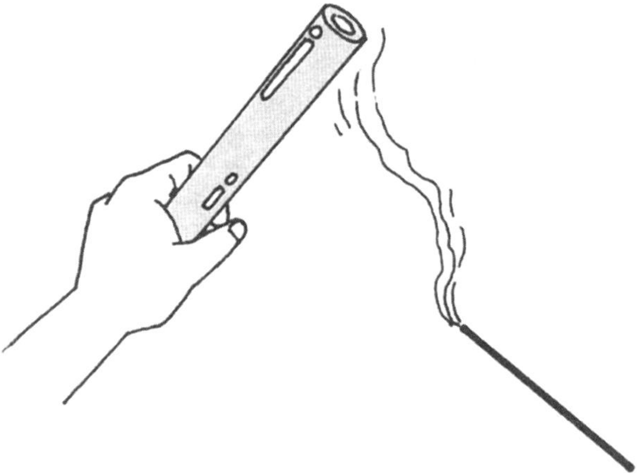

3 把煙管靠近線香的煙，煙會隨著煙管移動。

為什麼？

科學原理解答

煙是固體、氣體和液體的集合。以塑膠布摩擦塑膠煙管，塑膠煙管會帶電，靠近塑膠煙管的煙，會聚集與塑膠煙管帶電相反的電子，另一側則是與塑膠煙管帶電相同的電子，這種現象稱為靜電誘導。所以煙的移動是受到靜電吸引力。

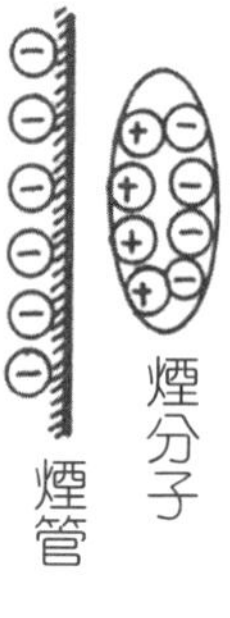

科學專欄

什麼是伏特電池？

電池在我們的生活中應用很廣泛，讓人經常忘了它的存在，第94個科學實驗是檸檬電池，實際操作以後，你會驚訝地發現原來電池很容易製作，只要知道原理，用水果就可以簡單做電池。當孩子問：「為什麼電池會有電」，相信這時能回答的人應該不多。

還沒有太陽電池、燃料電池之前，最基本的電池是伏特電池。這種電池是十八世紀在義大利出生的物理學者亞歷山大．伏特所發明的。

伏特將銅、鋅板泡入稀硫酸，產生電流，製成電池，這種電池的原理如下：

任何金屬碰到電解質，會釋放電子，成為陽離子，金屬的這種趨勢隨種類而不同，容易成為離子的金屬叫做「離子化傾向高」，反之則稱為「離子化傾向低」。離子化傾向高的順序是鉀＞鎂＞鋁＞錳＞鋅＞鉻＞鐵＞鈷＞鎳＞錫＞鉛＞（氫）＞銅＞銀＞鉑＞金。

伏特電池是利用離子化傾向的差異，電位差。因為鋅的離子化傾向大於銅，所以鋅的原子會變成離子溶解在稀硫酸中，而銅的電極不會，將鋅銅兩個電極連在一起，鋅放出的電子會流向銅，電流與電子流的方向相反的（因為電子有負電荷），電池的結構是銅為正極，鋅為負極。

我們知道金屬會產生電，但還沒有證明能否通電。伏特在電池實驗是以青蛙的腳，使蛙腳運動，最早證明電流的流動，產生電流就是通電。電力學始祖伏特的名字因此成為電壓單位伏特（V），直到現在。

Part 3

驚奇有趣

大人也不知道的科學實驗

44 不倒蛋

哥倫布曾經將蛋尾端輕輕敲碎，讓雞蛋站起來。現在你不用敲破蛋，也可以讓蛋站立。

準備用具

雞蛋、食鹽
生蛋、熟蛋皆可。

1 取一些鹽，將蛋尖端朝上，把蛋放在鹽上。

2 手放開蛋，確定蛋是否站穩，再吹氣將周圍的鹽吹開。

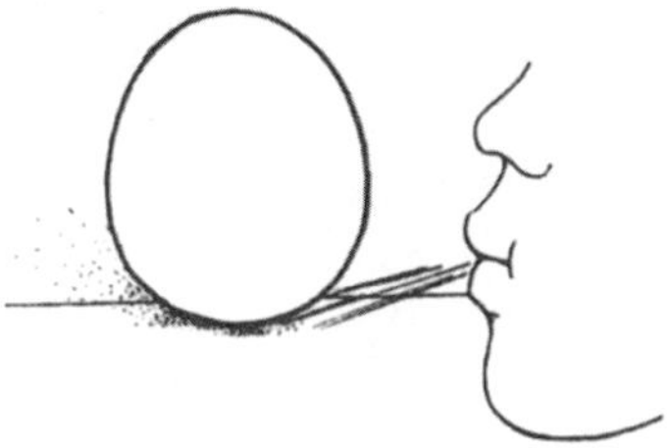

3

真是令人驚奇！周圍沒有鹽，蛋還是不會倒。

為什麼？

科學原理解答

雞蛋的表面有很多小突起，可以撐住這些突起，讓蛋就站立。新鮮的雞蛋蛋殼突起比較明顯，利用食鹽可撐住蛋殼，使蛋屹立不倒。食鹽不容易被發現，可以瞞住觀眾，看起來好像雞蛋自動站立。

45

硬幣變大變小

每個十元硬幣（金屬製）大小都一樣，加熱或冷卻可以使硬幣大小發生微妙的改變喔。

準備用具

空瓶兩個、十元硬幣兩枚、冰水、筷子、瓦斯爐

1

在兩個瓶子之間，留下一個通道，恰好是硬幣可以通過的寬度。

2

其中一個硬幣以冰水冷卻，另一個以筷子夾住，在瓦斯爐上加熱（可以請大人幫忙，注意安全）。冰過的硬幣可以輕鬆通過瓶子之間的通道。

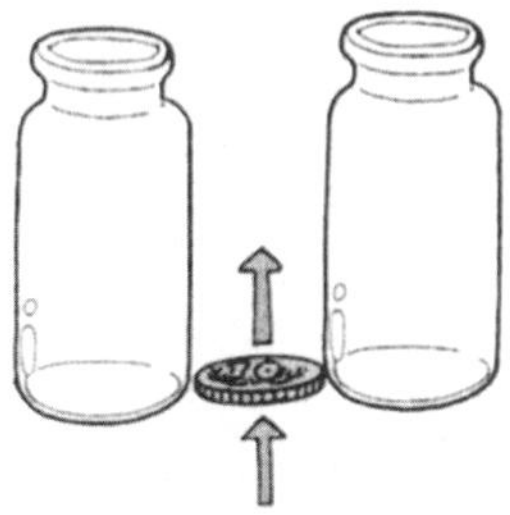

3

但加熱過的另一個硬幣卻無法通過。一樣都是十元硬幣，為什麼大小不一樣？

為什麼？

科學原理解答

硬幣是金屬製的，會隨溫度的不同，大小也有微妙變化，稱為熱脹冷縮。例如壓扁的乒乓球放到熱水裡，乒乓球裡面的空氣溫度上升膨脹，使壓扁的地方膨起恢復圓形。固體、液體及氣體都具有熱脹冷縮的特性。

46

浮沉的滴管

利用軟木塞，讓瓶子裡的滴管上上下下浮沉。

準備用具

滴管、杯子、空瓶、軟木塞（塞的時候不要太緊）

1

先在杯子裡加水，以滴管吸水，然後將滴管口朝下放入杯中。調整滴管的水量，使滴管頭部可以貼在水面。

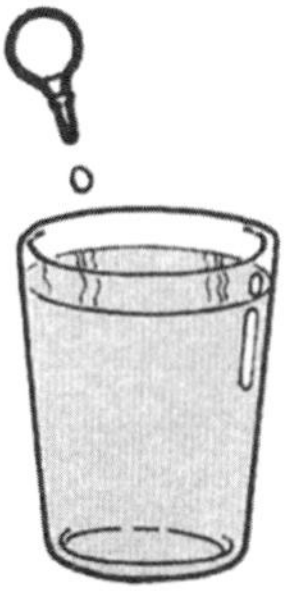

2

在瓶中裝滿水，放入1的滴管，再以軟木塞塞住瓶口，水位的高度要能碰觸到軟木塞。

3

將軟木塞壓下，瓶中的滴管會下沉，放鬆軟木塞，滴管又會慢慢浮起。

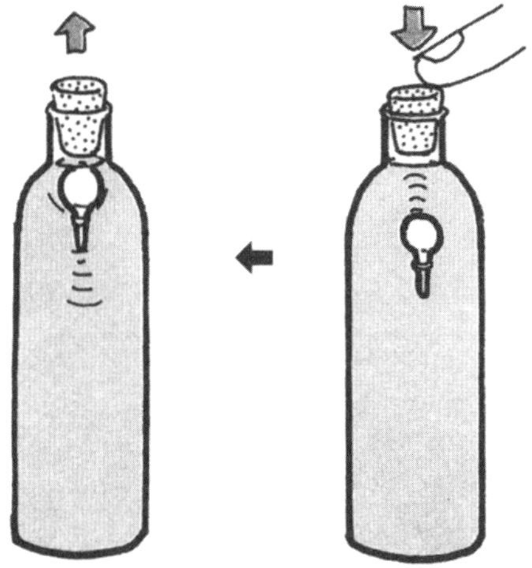

為什麼？

科學原理解答

水的體積受到壓力時，不容易減少，相對的，空氣較容易受壓力而壓縮。因此壓下軟木塞的時候，壓力會傳給水面和滴管裡面的空氣。水的體積不變，但空氣的體積變小，因此滴管的浮力減少而下沉。相反地，放鬆軟木塞，空氣壓力減小，體積變大，浮力變大而浮起。看起來滴管在水裡沸沸沉沉的。這種浮沉的滴管，稱為「笛卡兒浮沉子」。

47

聽話的胡椒粉

灑在水面上的胡椒粉，讓你隨心所欲地操縱。

準備用具

盤子、胡椒粉、牙籤、杯子、肥皂水、砂糖、水、吸管

1

在盤中注入水，高度約一公分，在水面灑上胡椒粉。

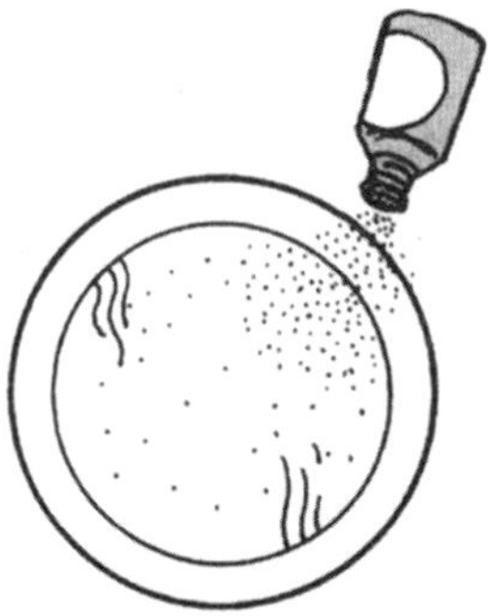

2

用牙籤沾一點肥皂水，插入水面，胡椒粉會迅速散開，形成中央沒有胡椒粉的圓。

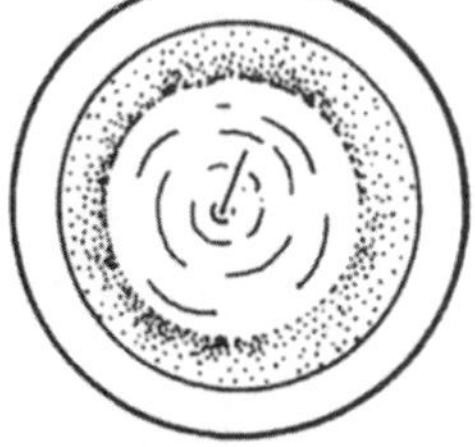

3

再以吸管吸取糖水，滴在圓圈中央，結果胡椒粉又分散在水面上。

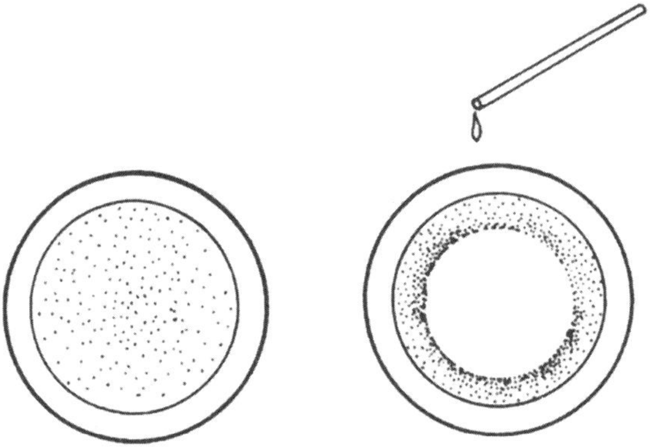

為什麼？

科學原理解答

滴在水面的胡椒粉，是由於水的表面張力而分散，這時滴下肥皂水，會使胡椒粉向四周散開，因為肥皂水使水的表面張力變小，所以胡椒粉就會被周圍表面張力較大的部分拖過去，形成一個圓。

糖水是表面張力大的液體，把糖水滴在水面，表面張力會恢復，於是分散的胡椒粉又回到原位，呈現均勻分散的情形。

48

消失的液體？

用量杯進行精確測量，但是為何份量怎麼都量不對？真奇怪。

準備用具

水、消毒酒精、碗、量杯、湯匙

1

以量杯精確量取五十西西的水，倒入碗中。

2

再以同一個量杯量取消毒酒精五十西西，倒入同一個碗中。

3

用湯匙攪拌碗中的液體。

4

最後將碗中的液體倒回量杯，水和酒精原本一共是一百西西，量量看，份量怎麼不對呢？

為什麼？

科學原理解答

在這個實驗中，雖然水和消毒酒精各有五十西西，可是兩者混合，液體體積卻不是一百西西。這是水分子和酒精分子大小不同，造成體積的變化。

因為水與酒精的分子大小不同，混合在一起，酒分子及水分子緊密排列在一起，會使混合體積縮小，變成不到一百西西。好像一杯芝麻和一杯黃豆混合，芝麻比較小，會塞進黃豆的空隙，因此混合的總體積不到兩杯。

49

水在室溫會沸騰

水的沸騰要一百度，在室溫下水竟然會沸騰？一起來動手做做看。

準備用具

粗針筒（取下注射針頭）、橡皮塞

1

在針筒裡面吸入水，約一半，盡量把空氣全部排出來。

2

將取下針頭的針筒，緊插在橡皮塞裡。

3

握穩針筒，用力向上抽氣，結果針筒中的水竟然冒出泡泡沸騰了。

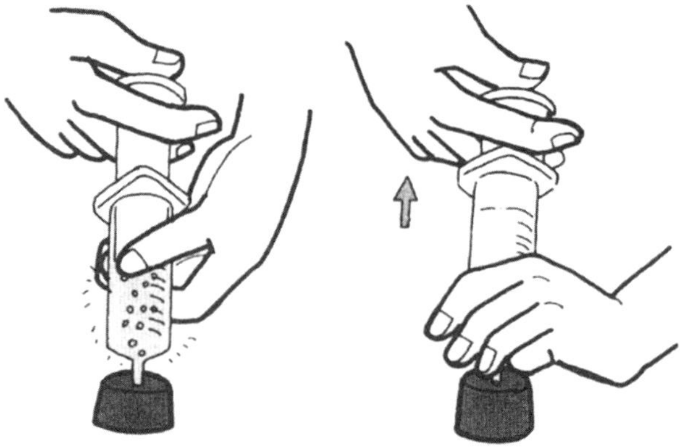

為什麼？

科學原理解答

在3中冒出的氣泡，並不是因為針尖有空氣流入，而是水真的沸騰了。水的沸點在海平面是攝氏一百度。在高山上想要煮飯，卻總是煮不熟，這是因為山上氣壓低，水溫未達一百度就沸騰，食物溫度不夠所以煮不熟。如果氣壓變大，即使水溫達到一百度，也不會沸騰，這就是壓力鍋應用的原理，讓食物在高溫下容易煮熟、煮爛。如果用熱水來做這個實驗，可以觀察到更激烈的沸騰。

50

人體繩結

仔細觀察一個人雙手抱胸的姿勢，身體與手臂就像一條打結的繩子，怎樣可以把這個結傳出來呢？

準備用具

五十公分長的繩子

1

將繩子放在桌子上，雙臂交叉。

2

保持交叉雙臂的姿勢，左右兩手分別拿住繩子的兩端。

3

將兩隻手臂伸展，恢復正常姿勢，可以發現繩子打結了。

科學原理解答

為什麼？

研究梅氏帶、魔術方塊或翻花鼓的數學，是拓樸幾何學的領域。將兩臂與身體視為一條繩子，則雙手交叉的狀態，就像一條打結的繩子。

交叉的雙手握住繩子，再將雙手伸展，等於是將繩結從手臂移轉出來。

51

五彩繽紛的透明膠帶

利用隨手可得的膠帶，玩個有趣的實驗。透明膠帶是透明無色的，怎樣發出五彩光芒呢？

準備用具

膠帶、透明塑膠板、偏光片兩片
※偏光片可以在教具店或網路上購買

1 將膠帶裁成適當長度，隨意貼在透明塑膠板上。

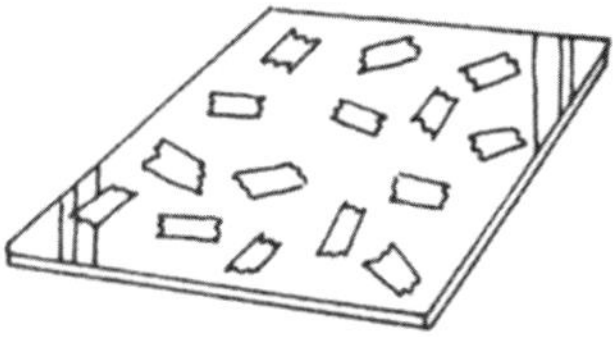

2 以兩片偏光片夾住塑膠板，使三片板子重疊在一起。

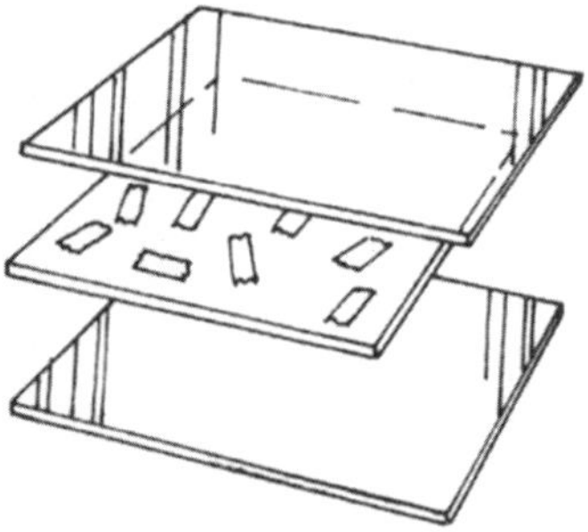

3

將重疊的三片板子照著陽光看，可以欣賞到五彩繽紛的顏色，可移動兩片偏光片，你會看見顏色不斷變化，呈現美麗的色彩。

為什麼？

科學原理解答

膠帶具有旋光性，光通過膠帶，會旋轉一個角度，所以光線照射到膠帶，會因為角度而旋轉。進入偏光片的陽光會被過濾，再經過膠帶使光線旋轉，最後被另一片偏光片過濾，就會在我們眼前出現鮮艷的色彩。太陽眼鏡就有利用偏光片，可以阻擋偏振的眩光，只讓垂直偏振的光線進入。

52

吸管毛毛蟲

有些吸管用紙包裝，拆開的時候不要丟掉包裝紙，可以廢物利用進行這個實驗。

準備用具

紙包裝的吸管

1

將紙包裝吸管的紙輕輕取出，小心不要讓包裝破裂。

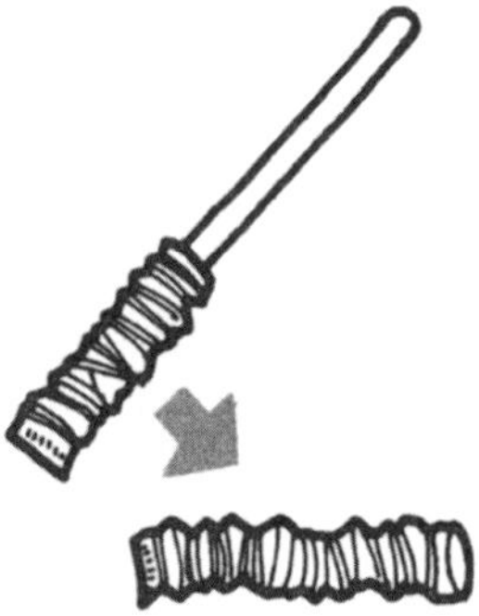

2

以吸管吸一點水，滴在袋子上。

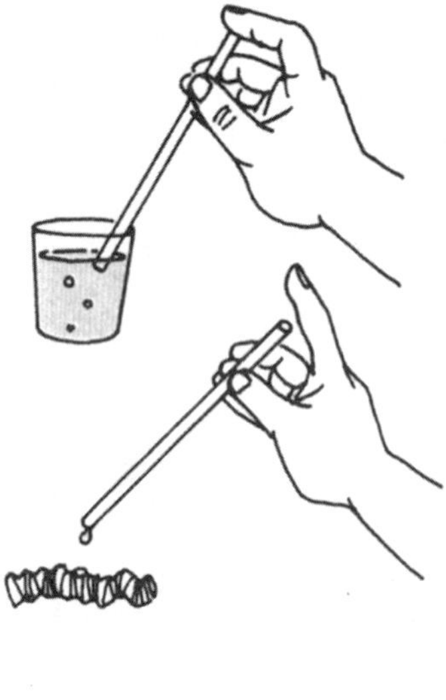

3

紙袋開始像毛毛蟲一樣蠕動。

為什麼？

科學原理解答

包裝的紙纖維具有彈性，滴水在折疊位置，滲透的水會使紙恢復原狀。

也可以這麼做

如圖對折報紙，剪一個蝴蝶形狀，保持對折的狀態放入盛水的盤子，蝴蝶就會慢慢張開翅膀，好像活的一樣。

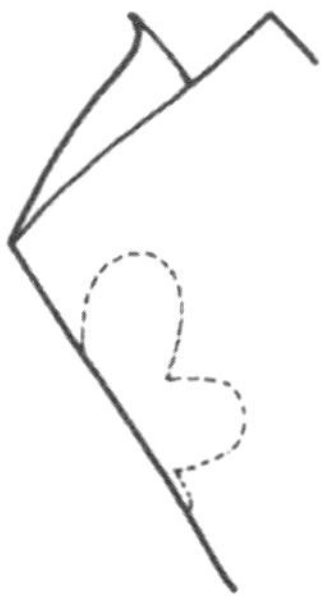

53 用辣椒醬擦亮硬幣

錢包裡的硬幣是不是很髒？用廚房的烹飪材料，可以把硬幣擦得像新的一樣。

準備用具

髒硬幣，越髒效果越好

1

將辣椒醬滴在硬幣上。

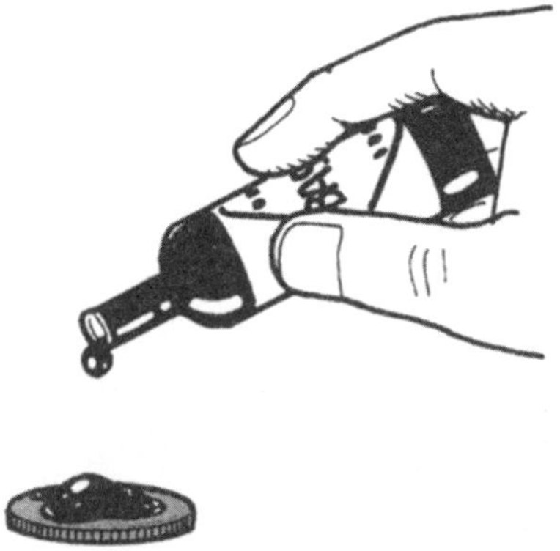

2

放置一分鐘。

3

一分鐘後，以紙巾輕輕擦去辣椒醬，硬幣的表面會變得亮晶晶喔。

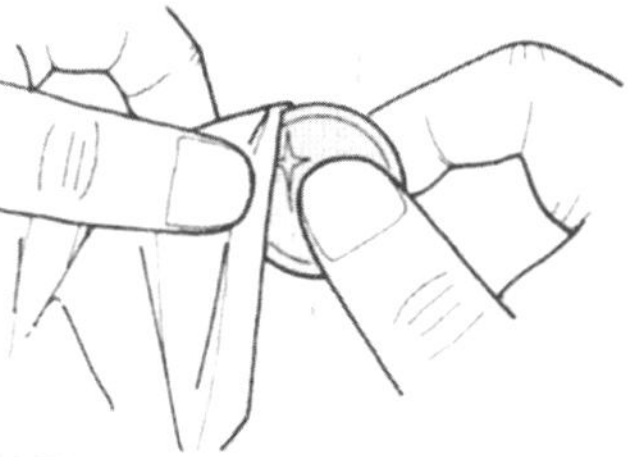

沾辣椒醬的部分（右）變得亮晶晶。

為什麼？

科學原理解答

辣椒醬的材料是紅辣椒，所以會辣，再看看其他材料，還有食醋、食鹽等，其中含量最多的是食用醋。

氧化作用是物質與氧化合的過程，還原作用是從物質中奪去氧的反應。

新台幣的硬幣，一元硬幣含銅量92%五元硬幣含銅量75%十元硬幣含銅量75%五十元硬幣含銅量92%，新的銅還沒有氧化以前，會呈現紫紅色，但接觸空氣之後會因為氧化而變黑，變成氧化銅。

醋具有強力的還原作用，可以從其他物質奪取氧。醋可走氧化銅的氧。

快速使硬幣恢復簇新的方式，可以在瓦斯爐上以大火加熱，再利用醋、蕃茄醬、醬汁或醬油等，這些調味料另外含有胺基酸，可以使氧化銅恢復原狀。

54 燃燒的方糖

方糖是有機物（碳水化合物），會燃燒。但用火燒方糖不會使糖燃燒，那麼，怎樣才能使方糖燃燒呢？

準備用具

方糖、筷子、蠟燭、火柴、食鹽、盤子、鋁箔、小磨缽

1

在盤子上鋪上一塊鋁箔，要蓋過盤子。點燃蠟燭並固定好，以筷子夾住方糖，放在火焰上烤，火焰接觸的部分會滋滋起泡，熔化掉落，卻不會燃燒。

2

以小磨缽磨細一小撮食鹽，再將磨細的食鹽撒在方糖上。

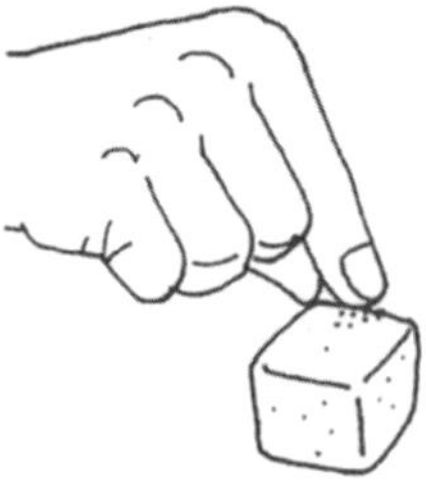

3

以筷子夾起方糖放在火焰上，這次方糖竟然發出聲音開始燃燒。

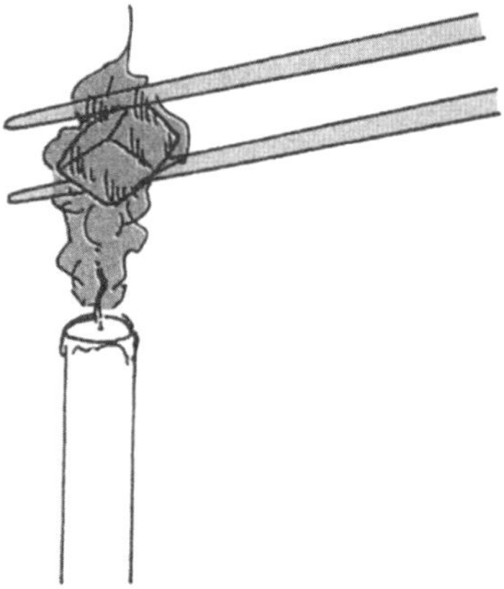

為什麼？

科學原理解答

砂糖的分子有碳、氧氣及氫等，這些成分照理是會燃燒的，所以燒方糖應該會燃燒，實驗中的方糖之所以無法燃燒，是因為燃燒的部分會熔化掉落，所以方糖無法達到燃燒的溫度。

食鹽有微量的碳酸鎂，有了碳酸鎂，砂糖會變得比較容易燃燒。

碳酸鎂本身不會燃燒，自己不會發生變化，卻具有幫助某種化學變化的觸媒物質（催化劑）。這時，碳酸鎂就等於扮演觸媒（催化劑）的角色。

燃燒方糖的觸媒，除了鹽，也可以利用燃燒紙留下的灰燼，或香菸煙灰等，這些灰燼的觸媒（催化劑）是碳酸鉀。

55

吸星大法

空瓶子會緊緊吸住手心拔不開。

準備用具　空瓶、火柴

1　洗淨準備好的杯子或果醬空瓶，放乾。

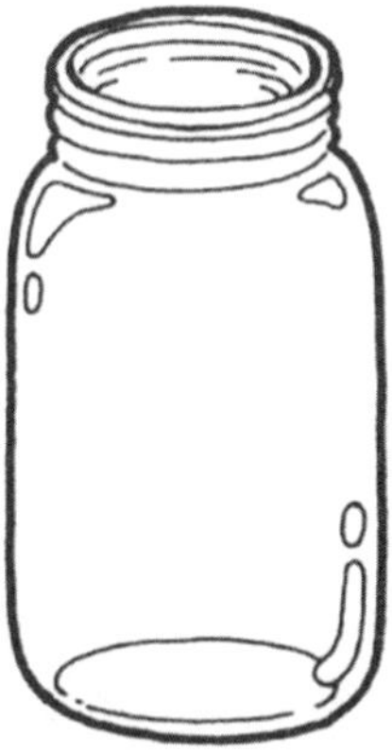

2　在瓶中放入點燃的火柴，看到火柴即將熄滅，就以手心緊緊按住瓶口。

3

不久手舉起，瓶子也會被吸上來，即使搖晃，瓶子也會緊緊吸附，不會掉落。

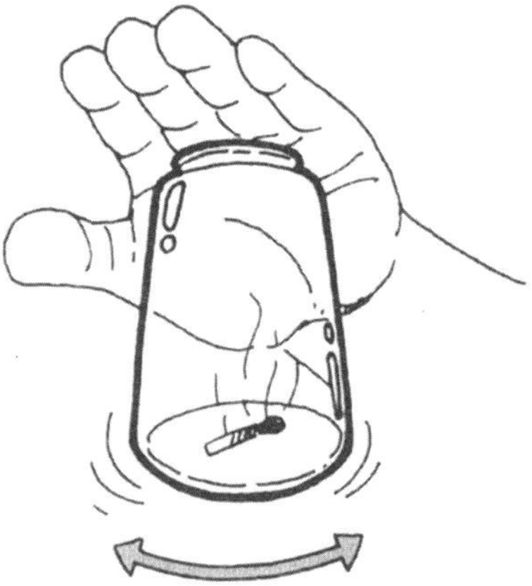

為什麼？

科學原理解答

瓶子裡面丟入燃燒的火柴，再以手蓋住，火柴熄滅後，空氣漸漸冷卻，壓力變小，瓶子就會呈現低壓狀態，我們的手心能密封瓶子，使瓶外的空氣無法進入。由於瓶外的大氣壓力比瓶內大，所以手心會緊緊吸住瓶子，即使搖晃也不會掉落。

56 釣冰塊

一起來釣冰塊吧！只需要一條線和鹽，不用釣餌，也不用釣鉤或鉛錘，就能把冰塊釣起來。

準備用具

盤子、冰塊、棉線、食鹽

1

冰塊放在盤子上，將棉線垂放在冰塊上。

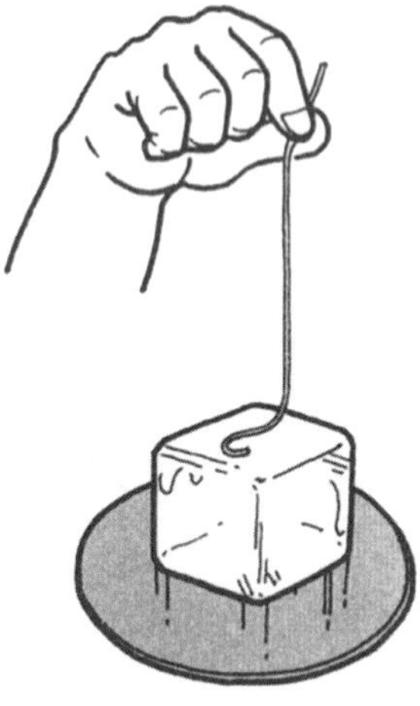

2

在線上灑一點鹽，等候片刻。

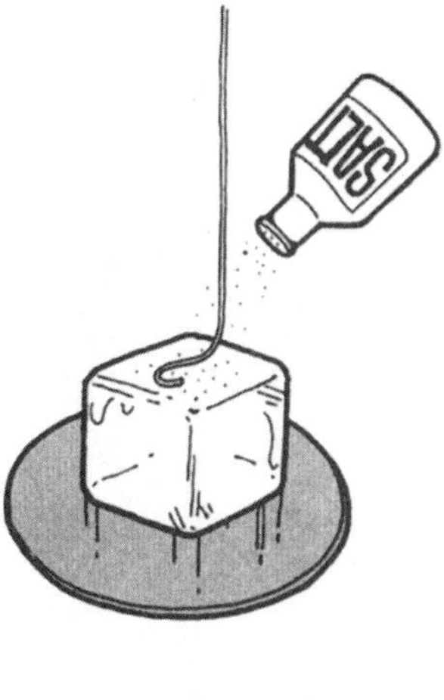

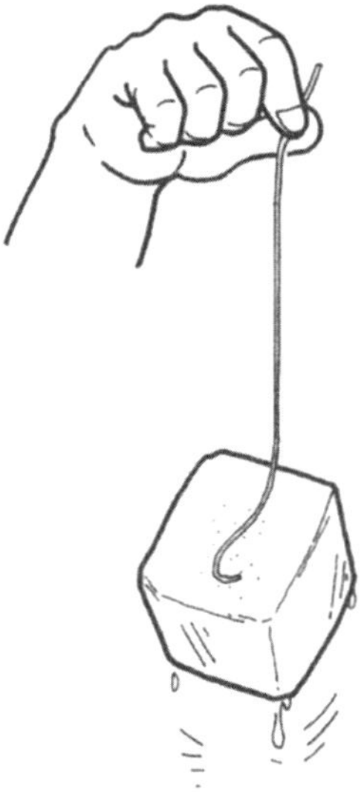

3

慢慢拉起棉線，冰塊被釣上來了。

為什麼？

科學原理解答

水的結冰溫度是攝氏零度，融化溫度也是攝氏零度。水不會自動降低到零度以下的溫度而結冰，但將冰和鹽混合，溫度卻會降低，所以鹽是一種冷卻劑。冰使溫度下降的原因是，冰塊溶解時，會吸收周圍環境的熱，使溫度降低，而鹽溶在冰水中，會再次吸熱，使溫度繼續下降。

在室溫下，冰塊表面已經溶化變成水，水沾在棉線上，撒上鹽，使溫度降低，水因此會結冰，使棉線與水牢牢黏在一起，就可以釣起冰了。

57

跳舞的硬幣

一元硬幣會自己跳動起來，怎麼做到的？一起來試試看吧！

準備用具

可樂等玻璃瓶裝碳酸飲料、一元硬幣、食鹽

1

將一小撮鹽放入未喝完的碳酸飲料玻璃瓶裡，碳酸飲料要還有氣的。

2

在瓶口放上以水沾溼的一元硬幣。（硬幣要能蓋住瓶口）

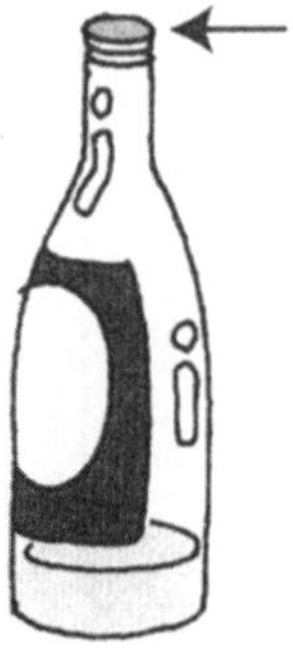

沾溼的一元硬幣

3

一元硬幣上下跳動起來了。

為什麼？

科學原理解答

可樂汽水等碳酸飲料，裡面含有大量的二氧化碳，食鹽溶化在含有二氧化碳的液體中，會使二氧化碳加速散逸，但因為瓶口被一元硬幣堵住，二氧化碳的壓力超過一元硬幣的重量，就會抬起一元硬幣，於是瓶中的二氧化碳跑出瓶子，二氧化碳跑掉了，力量消失，一元硬幣會因為本身的重量而落下，又蓋住瓶口，造成二氧化碳在瓶子裡累積，漸漸使壓力再度升高，於是看起來就像一元硬幣不停上下跳動。

沾溼一元硬幣是為了避免掉下瓶口，乾的一元硬幣容易掉落。

58 手指冒煙

手指著火了！竟然冒出白煙！

1

撕下火柴盒一側的砂紙部分（火柴棒摩擦點火的部分），將砂紙的一面朝下放在盤中。

2

以另一個火柴盒摩擦火柴點火，燃燒放在盤上的砂紙，等到砂紙燃燒完畢，會在盤子上留下紅褐色的灰燼，請用大拇指和食指沾取灰燼，兩指摩擦。

準備用具

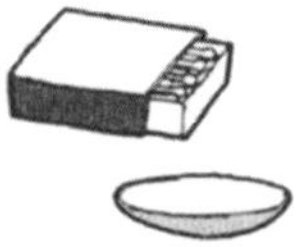

火柴盒兩個、火柴棒數根、盤子

3

結果從摩擦的指尖冒出白煙。

為什麼？

科學原理解答

火柴盒的砂紙部分，含有紅磷，是一種低溫燃燒的化合物。紙的燃點是450度，木頭的燃點是400～470度左右。火柴使用的紅磷，燃點則是260度左右，相對比較低。

燃燒火柴盒的砂紙，會留下紅磷的灰燼，在指間摩擦紅磷，會產生摩擦熱，使溫度升高，使水汽化產生白煙。

一萬伏特的靜電

在前面的科學專欄中，介紹過伏特電池，是由離子流動產生電流。有一種不會流動的電，保持靜止狀態，稱為靜電。兩種不同的物體靠近，其中一個物體會失去電子而帶正電，另一個物體則得到電子帶負電。在分離的過程中，正負電荷分別積累在不同的物體上，就會產生靜電。由於帶電狀態不穩定，所以一有機會，就會流出、消失。

人類發現靜電的存在，是西元前六百年左右的古希臘人，他們知道用布摩擦琥珀，可以吸附羽毛。

在空氣乾燥的冬天，摩擦衣服很容易累積靜電，穿著毛衣擺動雙臂走路，自然會摩擦袖子與腰，如果去開房門摸把手，累積的靜電會逃走，於是就覺得好像觸電了。

為了避免觸電，可以用手拿著金屬鑰匙先接觸門把，靜電從金屬流掉，就不會觸電了。

有時脫下毛衣，會聽到霹靂啪啦的聲音，這是靜電現象的聲音，有時甚至可以看見火花。化學纖維摩擦所產生的靜電電壓，有時會高達一萬伏特。一般家用電源只有一百一十伏特，一萬伏特聽起來真令人害怕。但其實不用擔心，雖然電壓很高，但因為流過的電流很少，聽起來雖然可怕，卻不用擔心。但是，在加油站等地方，由於充滿易燃物，如果靜電累積在加油槍，會發生危險，為了預防，加油站都有安全裝置，例如油罐車車身會垂著鐵鍊，作為接地線，讓靜電不會累積。

生活中的靜電雖然會造成不方便，但靜電也有用處，例如閃光燈是利用電池裡的靜電，而清潔用具的吸附灰塵功能也是利用靜電。

Part 4

廚房實驗室

居家用品做科學實驗

59

紙杯爆米花

這個簡單的實驗，可以讓你快速認識微波爐的功能。實驗不但容易成功，還可以立即享受實驗成果喔！

準備用具

微波爐、紙杯、鋁箔、爆米花玉米、沙拉油、鹽、胡椒（視個人喜好添加）

1 在紙杯中放入五十顆玉米，灑一點鹽、沙拉油及胡椒。

2 以鋁箔加蓋，放入微波爐中加熱二～三分鐘。

3 這就完成了滿滿一杯的爆米花。

為什麼？

科學原理解答

微波爐是利用微波調理食品的廚房家電，微波加熱時，食品中的水分會因為微波而激烈旋轉、振動而產生熱。爆玉米的時候，玉米所含的水分被微波加熱，變成水蒸氣，突破堅硬的玉米殼，使玉米爆開變成玉米花。

微波可以穿透紙杯，但無法穿透鋁箔，以鋁箔蓋住杯口是為了避免爆米花溢出，鋁箔在微波爐中會發生輕微的火花，不用擔心。若改用保鮮膜，由於微波爐的高熱，沙拉油可能會將保鮮膜熔化。

爆米花的體積會比原來大三十倍，所以不要在紙杯中放入太多玉米。

60

用微波爐煮蛋

把雞蛋放入微波爐，很容易炸開，清潔起來真麻煩。現在要教你一個好方法，可以用微波爐做白煮蛋，超乎想像的容易喔。

準備用具

微波爐、生雞蛋、鋁箔、裝得下生蛋的杯子。

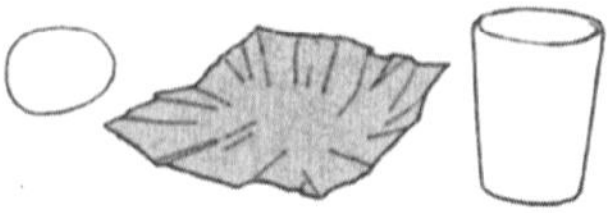

1

以鋁箔緊緊包裹雞蛋。

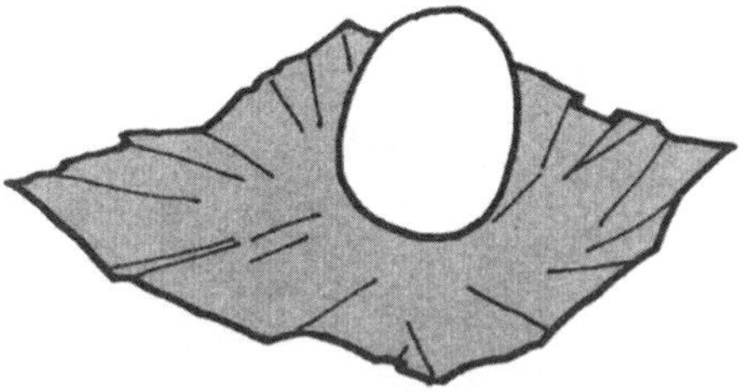

2

將包好鋁箔的蛋，放入加滿水的杯中。

3

連同裝水的杯子一起放入微波爐加熱，白煮蛋很快就做好了。

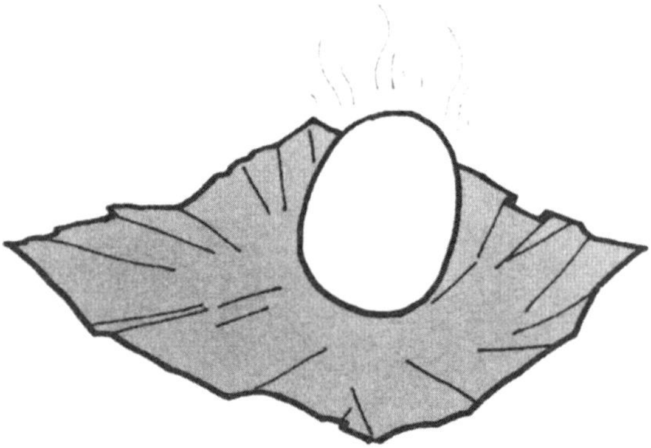

科學原理解答

為什麼？

微波爐是利用微波調理食品的廚房家電，微波加熱時，食品中的水分會因為微波而激烈旋轉、振動而產生熱。

由於雞蛋殼是密封的，這樣的東西放入微波爐加熱，蛋裡面的水分會急速變成水蒸氣，壓力上升造成蛋殼破裂，變成「爆蛋」。為了避免微波直接加熱蛋，用鋁箔包裹，可使微波無法穿透雞蛋，包蛋時要注意包緊，以免有空隙讓微波進入。不過，用鋁箔包住的蛋無法加熱，所以必須將蛋放入裝水的杯子，由於水吸收微波而升高溫度，熱會透過鋁箔傳給蛋，於是蛋就煮熟了。

61

速成壓花

製作壓花要花費數天的時間，這裡要告訴妳一、兩分鐘就可以完成的方法。

準備用具

微波爐、約十公分長寬的方形磁磚兩片、書夾、白色厚紙板、面紙、明信片、鑷子、剪刀、手套、透明膠膜或護貝膠膜、壓花材料（花或葉，不要太厚或太大）

1

在磁磚上放置厚紙板和面紙，磁磚正反面都可以。

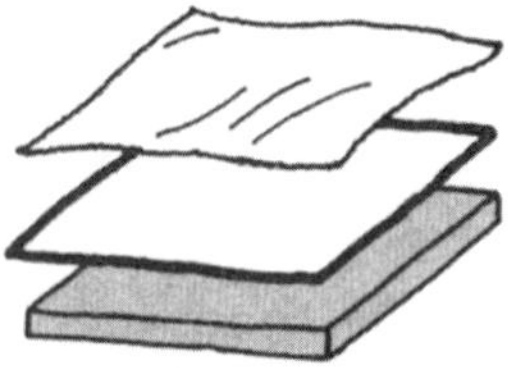

2

將植物切成適當大小，放在面紙上，調整形狀，接著與1的順序相反，在植物上面依序放上面紙、厚紙板、磁磚，疊好。

3

以書夾固定磁磚的兩側，夾子不要夾太深，以免夾到植物變形。放入微波爐中加熱一～二分鐘。

4

這時因為磁磚變得很燙，所以要戴上手套拿取磁磚。取出後，將花放在明信片上調整形狀，再蓋上透明膠膜即可。

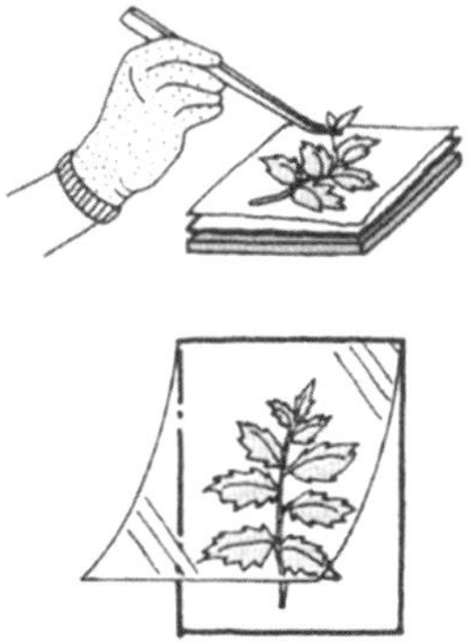

為什麼？

科學原理解答

植物在微波爐裡，受到微波加熱，會將水分釋放出來，被面紙和紙板吸收，所以可以快速製作壓花。

利用磁磚是因為磁磚容易取得，價格便宜，是陶製品，微波可以穿透陶器。

如果使用太溼或表皮較厚的植物，或比較不容易成乾燥。可以先用面紙吸乾水分。加熱時間會隨著植物厚度等不同狀況而異，如果一次不行，可以再放入微波爐加熱。不妨挑戰看看吧！

62

微波爐鬼火

自然界中有一種「鬼火」現象，想不想在家裡試試看，製造「鬼火」呢？

準備用具

微波爐、玻璃杯兩個、沙子、自動鉛筆筆芯三根、鑷子

1

在杯子裡倒入沙子，約兩、三公分厚度，用鑷子將筆芯放在沙子上，排成三角形，三根筆芯必須交叉，但不能碰到杯子。可以將筆芯折斷調整。另一個杯子裝水。

2

把兩個杯子一起放進微波爐。

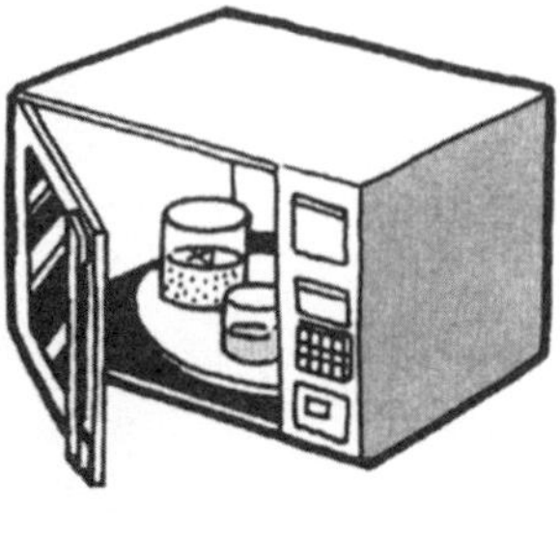

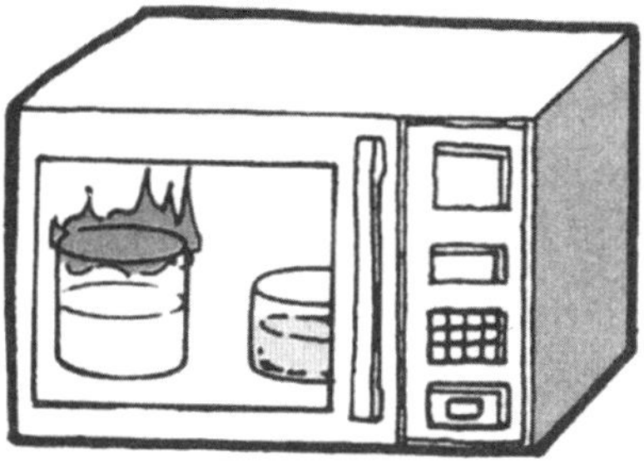

3

按下微波爐的開關，裝沙子的杯子會出現藍白色的「鬼火」。

為什麼？

科學原理解答

閃電是大氣層的放電，一種電漿（plasma）狀態，因為大量的放電，造成周遭氣體的游離而形成等離子體。物質在呈現等離子狀態時會發光，而「鬼火」的真面目就是等離子。這個實驗，是以筆芯的碳作為等離子，使之發光。

微波爐利用微波加熱食品，而微波作用在筆芯，會使碳汽化，碳雖然是固體，但受到微波加熱會變成氣體。由於微波持續的作用，碳會汽化變成等離子而發光。

閃電由於快速放電，會瞬間消失，筆芯發光的狀態則會持續一段時間，因為微波爐是廚房家電，這個實驗會使微波爐溫度升高，若內部溫度升得太高，可能會有危險，所以看到火就可以關掉開關，不要一直加熱。加熱完畢杯子很燙，取出時要小心。

63

微波爐使燈管發光

不用插電，一樣可以點亮燈管。這次不用墊子或軟布摩擦，用的是微波爐。

準備用具

小燈管、微波爐、一杯水

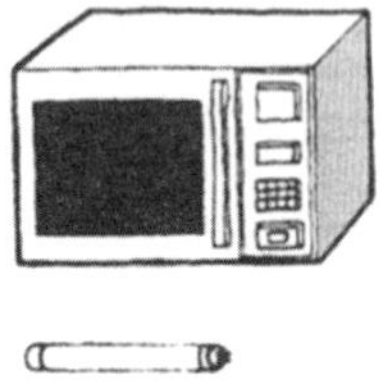

1

將小燈管和水杯一起放入微波爐，房間的電燈最好關掉或拉上窗簾。

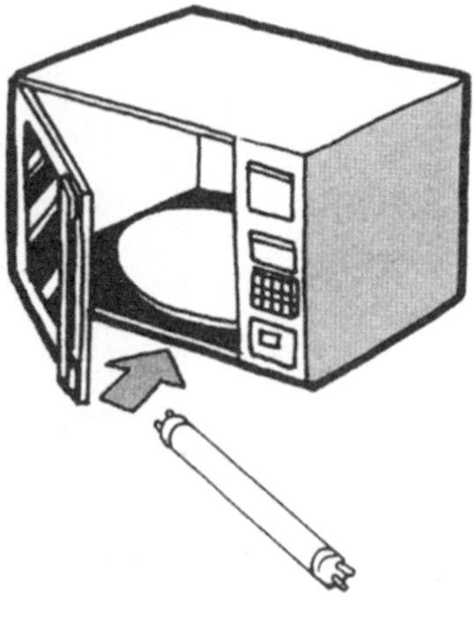

2

按下微波爐的開關，燈管立刻發光。

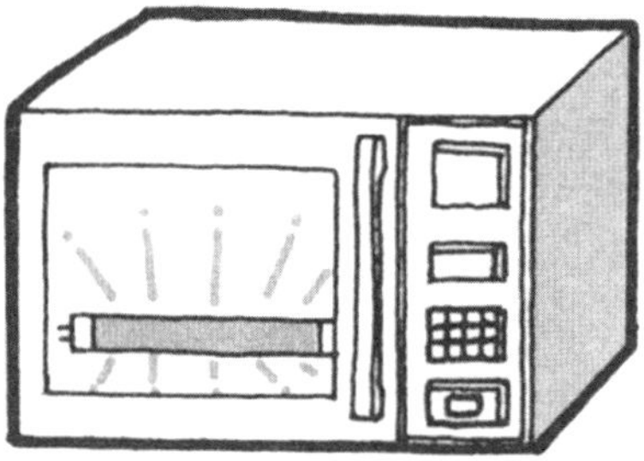

為什麼？

科學原理解答

微波爐發出的微波，會振動燈管內部，產生電子，電子會撞擊燈管裡面的螢光物質而發光。

微波爐使用的時候要注意，若加熱太久可能有危險，所以微波爐同時要放入裝水的杯子，而且操作時間不要太久，以一分鐘為限。

64 加熱不會沸騰的水

爐子上的水在沸騰，如果裡面有一個裝了水的杯子，裡面的水也會沸騰嗎？

準備用具

1

在鍋子裡放入一半的水，杯子裡也放入相同高度的水，將鍋子裝著水杯，放在爐子上一起加熱。

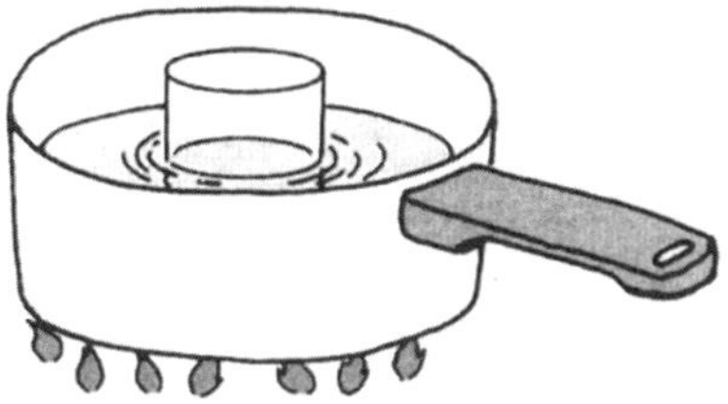

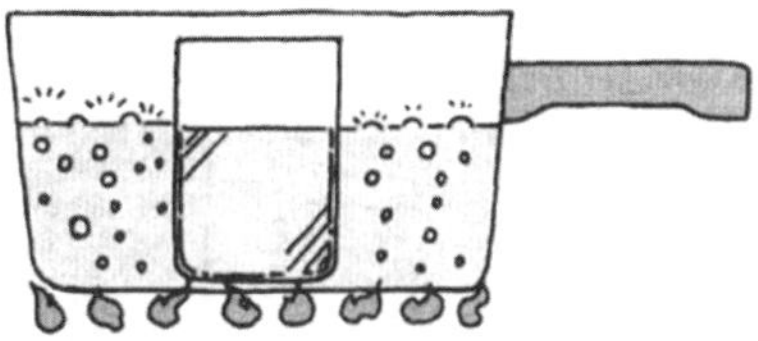

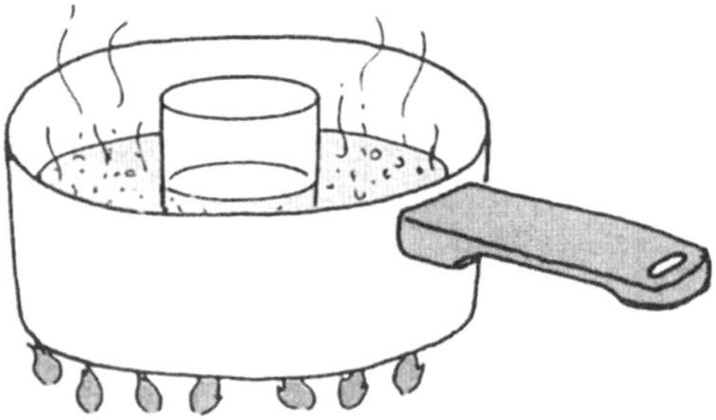

2 不久，鍋子裡的水會沸騰，但杯子裡的水卻不會沸騰。

科學原理解答

為什麼？

同樣是鍋子裡的水，同樣的加熱，為什麼一個會沸騰，另一個卻不會呢？鍋子裡的水溫度上升，可是玻璃杯裡面的水，溫度上升較慢，等到鍋子的水沸騰了，杯中的水還未達到攝氏一百度。沸騰是水變成水蒸氣的現象。液體的水要變成水蒸氣，需要爐子的熱能才能到達一百度沸騰。

鍋子裡的水沸騰達一百度，這些熱能還要傳給玻璃杯，把杯子裡的水加熱，但玻璃杯裡的水永遠都無法達成一百度，所以無法沸騰。

不過，如果鍋子裡的水全部變成水蒸氣，鍋子變乾，這時可以透過熱傳導，將熱直接傳給玻璃杯，杯中的水就會沸騰。

65 冰凍泡泡

泡泡瞬息消失，你想讓泡泡冷凍保存嗎？一起來試試看。

準備用具

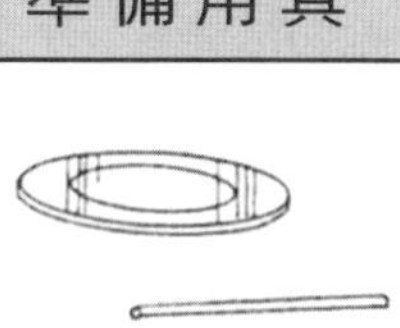

肥皂水（參考第88個實驗「好大的泡泡」）、蛋糕盤、吸管

1 將冷凍庫溫度設定在「強」。用洗潔劑或肥皂洗淨蛋糕盤，並以水沾溼。

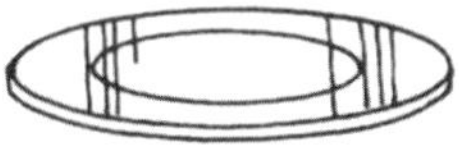

2 以吸管在蛋糕盤上吹出半球形的肥皂泡泡。

3

把裝著泡泡的蛋糕盤一起放入冷凍庫，經過二十分鐘，冰凍泡泡大功告成。

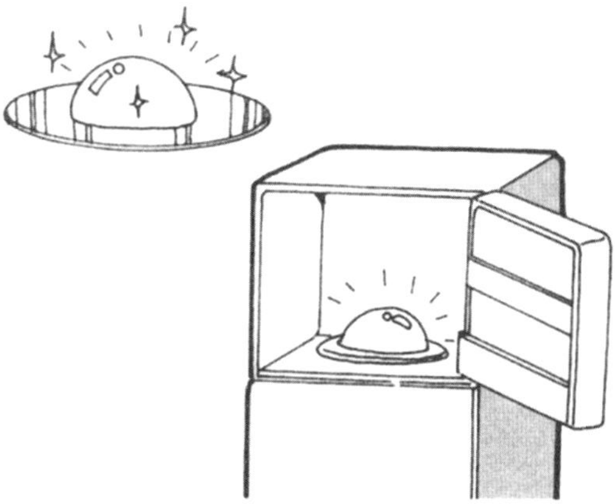

為什麼？

科學原理解答

泡泡的成份大部分是水，所以冷卻到零度以下就會結冰。在蛋糕盤上冰凍的泡泡並不是漂亮的球形，而是巨蛋的半圓形狀。冰凍泡泡像是水晶玻璃一樣很漂亮。但由於泡泡的膜很薄，打開冰箱，冰凍泡泡接觸空氣，很快就會開始融化，因此從冰箱取出的時候要注意不要吹到風。

66

下沉的冰塊

冰塊會浮在水上，但有一種冰塊卻怎麼樣也不會浮上來，沉在水裡的冰塊，真奇怪。

準備用具　水、冰塊、杯子、沙拉油

1　在杯子裡裝水到一半，再放入冰塊。

2　剩下一半倒入沙拉油，約九分滿。

3

你看見了嗎？冰塊停留在杯子中央的油水交界處，不會浮上來。

為什麼？

科學原理解答

這個實驗是利用體積相同的沙拉油、冰、水，重量不同，水比沙拉油重，會沉在沙拉油下面，冰比水輕，比油重，因此浮在油水中間。

這是利用水、冰、沙拉油密度不同的實驗。

67

幽浮圓盤

利用家裡的電磁爐，就可以自製幽浮喔~。

準備用具

用完滾筒式衛生紙的紙圓筒一個、鋁箔、圓規、美工刀、電磁爐

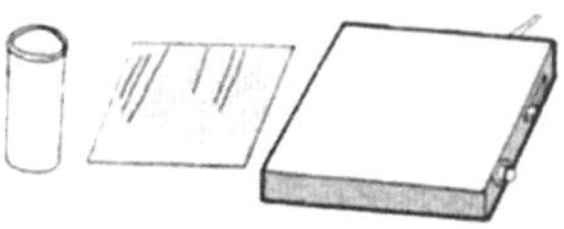

1

裁一個直徑二十公分的圓形鋁箔，中間剪出一個直徑五公分的洞，做成圓盤狀。

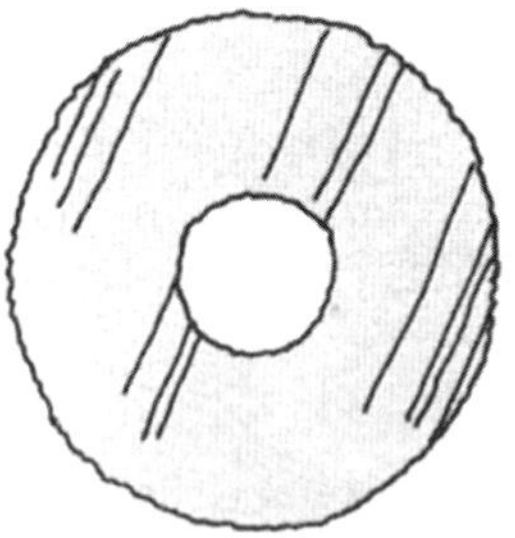

2

將衛生紙圓筒立在電磁爐正中央，將鋁箔圓盤放在圓筒上。

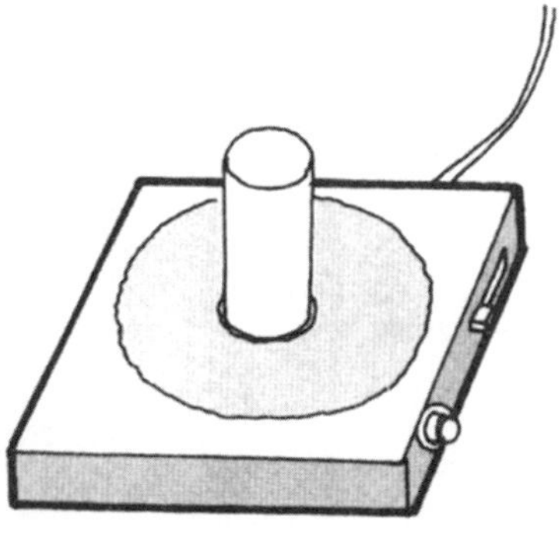

3

打開電磁爐開關，圓盤自己浮上來了，好像飛天幽浮。

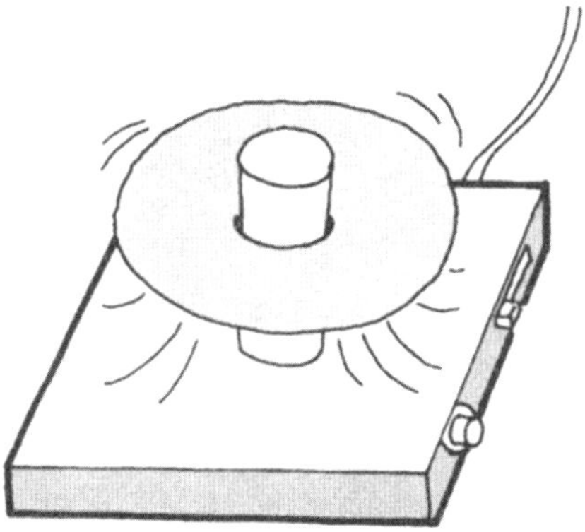

為什麼？

科學原理解答

電磁爐裡面有銅線線圈，通電會形成磁場。鋁箔受到磁場誘導，會產生與電磁爐磁場相反的磁場。由於磁場與磁場相斥，所以會浮起來。電磁爐的電流是交流電，方向會不斷改變，平底鍋或鍋子底部會與鋁箔圓盤一樣，形成磁場，產生電力抵抗，所以生熱。

68

紙切水果

刀刃銳利的水果刀，用紙包起來切水果，水果切開了，紙應該會跟著切斷，可是竟然……。

準備用具

梨子、水果刀、紙

1

以紙包住水果刀，壓在梨子上。

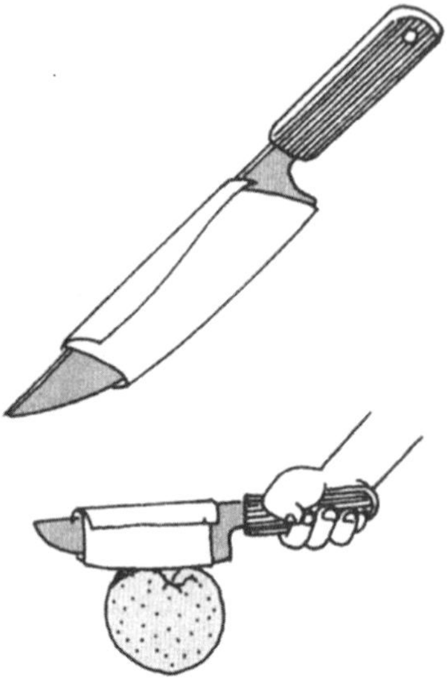

2

切的時候不要將水果刀像鋸子一樣前後拉扯，而是以下壓方式用力向下壓，結果會如何？梨子被切開了，但紙卻安然無恙。

為什麼？

科學原理解答

仔細觀察梨子的剖面，看起來並不像「切」，而是像「剖」。水果刀刃是承受手向下壓的力量，而剖開梨子。

水果刀刃的剖面呈楔子狀（三角形），一般切水果的時候會像鋸子一樣前後拉動。在這個實驗中，不是以拉動鋸子的方式來切，而是以下壓的力量來切，因此不會切開紙。紙的纖維比梨子的纖維強韌，下壓的力量可以使梨子裂開，但紙則會保持完整。

69

肥肉蠟燭，奶油蠟燭

利用家裡的食品，可以製作蠟燭。

準備用具

棉線、肥肉、奶油塊、鋁箔紙、竹籤、火柴

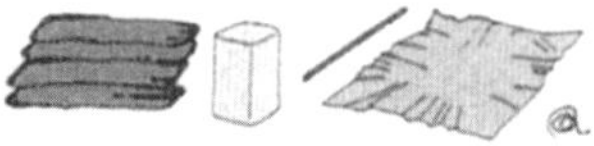

1

將白色的肥肉切成適當長度，以棉線做為燈蕊，放在中間，用肥肉包裹起來。

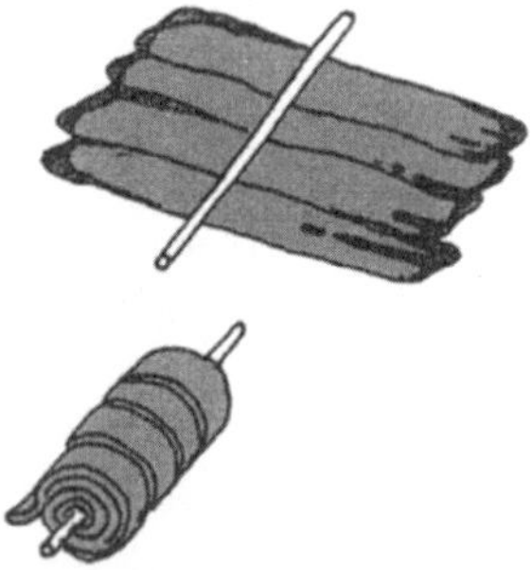

2

拿一張鋁箔紙，把肥肉如圖包覆起來，再用火柴點燃棉線。

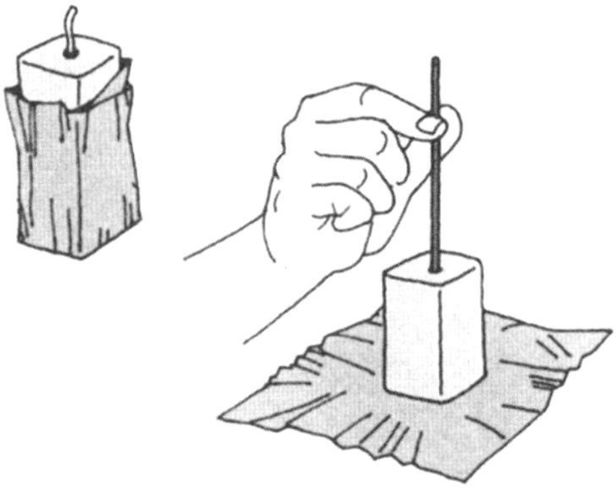

3

將奶油塊放在鋁箔紙上，用竹籤在奶油塊穿一個孔，插入棉線即可。

為什麼？

科學原理解答

蠟燭的原理，是被熔化的蠟，會被燈蕊吸附，由於高熱而成為氣體燃燒。

用肥肉或奶油代替蠟，原理也是一樣。

在蠟燭未普及時，人們是使用一種叫做油燈的照明器具，原理與這裡所介紹的肥肉蠟燭和奶油蠟燭一樣。

70

變色的紫高麗菜湯

利用紫高麗菜，來做一個變色實驗。

準備用具

紫高麗菜、小蘇打、醋、鍋子、透明玻璃杯兩個、高腳杯

1 撕開紫高麗菜，切碎，放入鍋子烹煮。

2 過濾菜渣，將紫色菜湯放入高腳杯中冷卻。兩個玻璃杯分別以小蘇打水及醋沖過，再分別倒入紫高麗菜湯。

3

結果，小蘇打玻璃杯裡的紫高麗菜湯，會變成藍色。而醋玻璃杯裡的紫高麗菜湯，則變成紅色。

科學原理解答

為什麼？

色素會對酸性、鹼性物質產生不同的反應。溶於水的小蘇打是鹼性，醋則是酸性。酸性與鹼性的強弱是以pH值表示，pH值為7是中性，以此為標準，大於7為鹼性，數字越大鹼性越強。小於7的是酸性，數字越小酸性越強。

紫高麗菜的紫色色素，與酸性物質反應，會變成紅色，與鹼性反應會變成藍色。鹼性越強，顏色的變化是從藍色，變成綠色，再變成黃色。

71

鋁罐自動壓扁

喝完的鋁罐要壓扁回收。教你一個方法，不需用腳踩，也不必用力，輕輕鬆鬆鋁罐就會自動壓扁喔！

準備用具

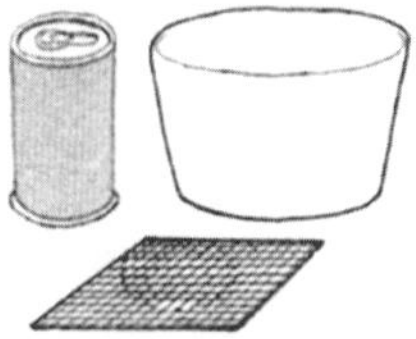

空鋁罐、網架、隔熱手套、水桶或大的容器

1

在空鋁罐中加入十CC左右的水，以瓦斯爐放在網架上加熱。

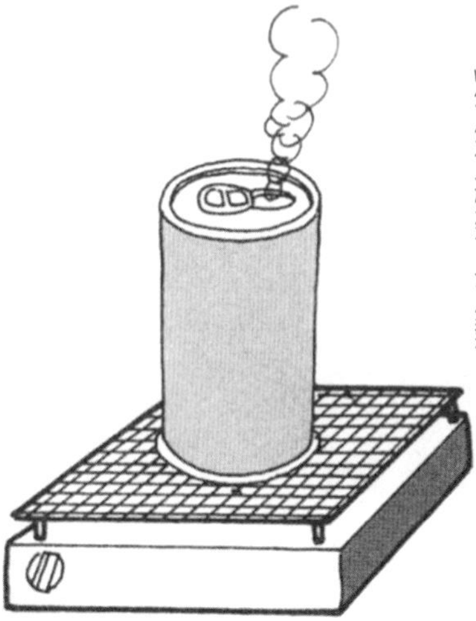

2

等罐中的水沸騰後就熄火，戴上隔熱手套，小心將罐子取下。

3

將鋁罐開口朝下、底部朝上，丟入裝滿水的水桶，罐子就會啪地一聲自動壓扁。

為什麼？

科學原理解答

鋁罐中充滿滾燙的水蒸氣，液體變成氣體，體積迅速膨脹。相反地，氣體冷卻變成液體時，體積則會突然縮小。利用這個原理，鋁罐裡原本充滿水蒸氣，丟入水桶中冷卻，水蒸氣會迅速凝結變成水，體積縮小，這時鋁罐的內部壓力也會跟著變小，因受到外部的大氣壓力作用而壓扁。

大氣壓力是指「空氣重量的壓力」。空氣分子具有重量，雖然我們感受不到空氣的重量，但是大氣壓力卻是無所不在的。

72

橘子皮煙火

在家裡也可以看煙火喔！廢物利用橘子皮或柳丁皮，再準備一根蠟燭，就可以製造美麗的火花。

準備用具

蠟燭、火柴、橘子或柳丁（皮）

1

將橘子皮剝下，點燃蠟燭，拿著皮靠近燭火。

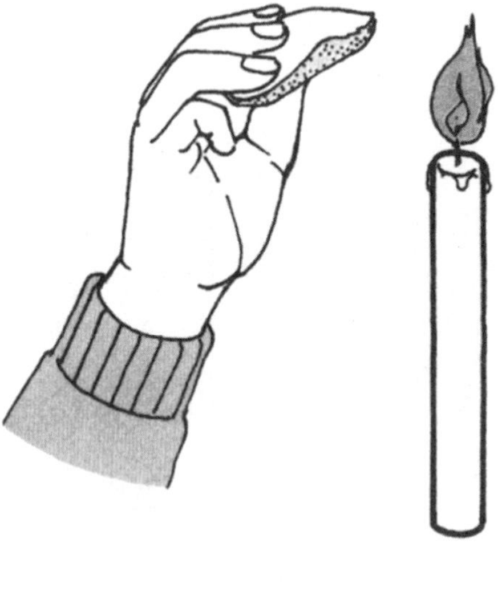

2 擠壓橘子皮表面，噴出汁液，會迸出漂亮的火花。

為什麼？

科學原理解答

橘子或柳丁、檸檬等柑橘類的外皮，含有叫做檸檬烯（limonene）的植物油，是柑橘類發出清香的來源。檸檬烯具有去污或使保麗龍溶化的性質。

檸檬烯的揮發性很高，具有可燃性，所以當你對著燭火擠壓橘子皮的時候，檸檬烯會噴出來，燭火燃燒而產生火花，所以看起來火花四濺，像煙火一樣。實驗的時候不妨使房間暗一點，會更有效果。

73

燃燒的鋼刷

火柴可以點燃鋼刷，你相信嗎？

準備用具

乾燥的鋼刷、火柴、剪刀、盤子、鋁箔

1

把乾燥的鋼刷撥鬆，用剪刀剪出一塊拳頭大小備用。

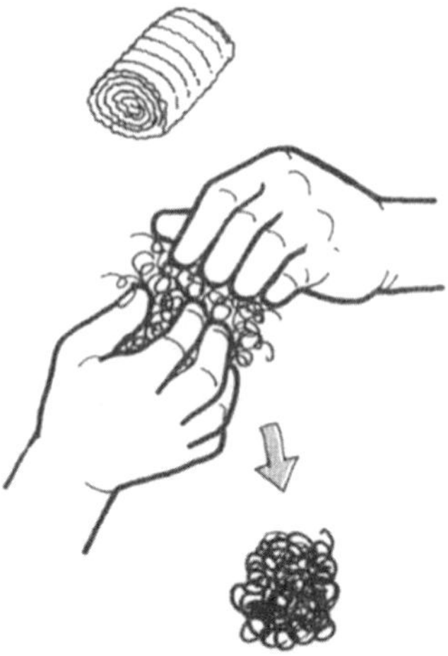

2

在盤子上面放鋁箔，把拳頭大小的鋼刷放在鋁箔上，關掉房間的燈或拉上窗簾，讓室內變暗。

3

火柴點火，放入鋼刷，鋼刷會冒出火花燃燒。鬆開的鋼刷很快就會燃燒起來。

為什麼？

科學原理解答

這個實驗告訴我們，只要能滿足一些條件，即使是鐵也可以燃燒。鋼刷是鐵製的，但因為鋼絲很細，使表面積變大，把鋼刷撥鬆，可以增加鋼絲與空氣（氧氣）的接觸面積，於是點火很容易就會燒起來。

鋼刷燃燒以後會變成氧化鐵，由於燃燒會使鐵與空氣中的氧化合，也就是說鋼刷裡的鐵加入氧氣變重，所以燃燒完把鋼刷拿去測量，會發現燃燒後的重量比較重。

但是紙在燃燒以後，灰燼卻變輕，這是因為紙裡面的碳變成二氧化碳散逸到空氣中。一樣是燃燒，鋼刷燒完了變重，紙卻變輕，真是有趣。

74

吸管刺穿馬鈴薯

吸管軟軟的，卻能插入馬鈴薯。只要知道秘訣，這個特技人人都做得到。

準備用具

生的馬鈴薯（或蘿蔔）、吸管

1 手拿吸管，以食指按住吸管的一端。

2 用力一股作氣刺入馬鈴薯。

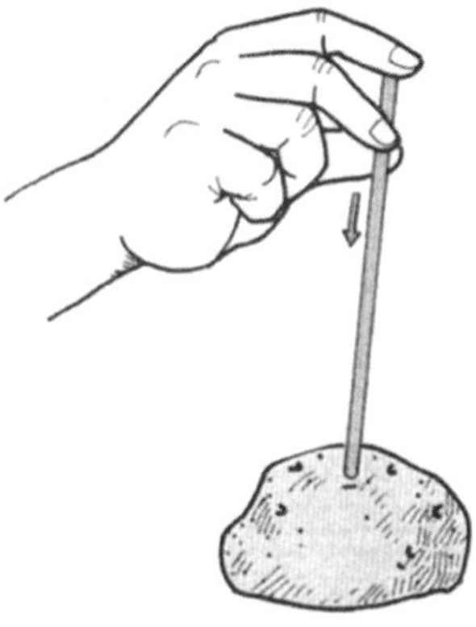

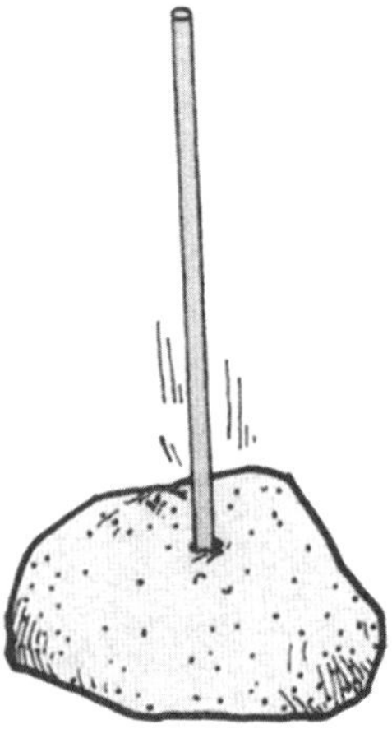

3

吸管成功地刺穿馬鈴薯。

為什麼？

科學原理解答

用軟軟的吸管去戳馬鈴薯，馬鈴薯很硬，吸管會變形扭曲，不可能刺穿。

以食指按住吸管的一端，此時吸管裡面的柱狀空氣，具有空氣壓力，在慣性作用下，可以快速戳刺馬鈴薯。慣性是物體持續做一直在進行的事。馬鈴薯保持靜止不動，只移動吸管，可以在慣性作用下刺入馬鈴薯。不過如果刺得太慢或角度歪斜都可能失敗，因此注意要垂直快速刺下。

75

切不開的冰塊

冰塊明明已經被鐵絲切過，卻沒有切斷。這是怎麼回事？

準備用具

沒有開過的啤酒瓶（或寶特瓶等任何其他重物）兩個、繩子、一條鐵絲、毛巾

1

在桌上鋪好毛巾，在毛巾上面放冰塊，在冰塊的正中間放一條鐵絲。

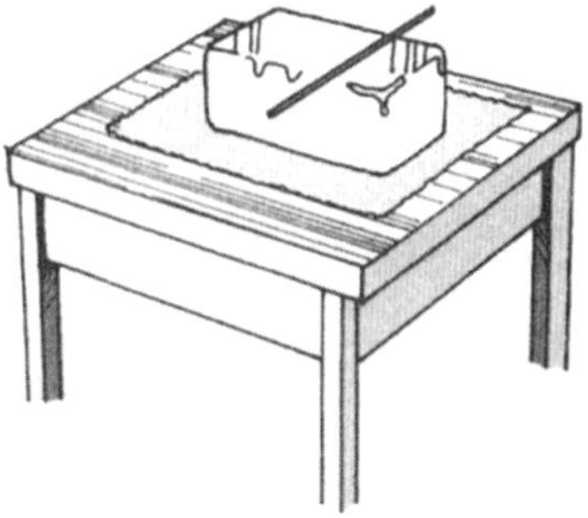

2

在鐵絲的兩端，用繩子各綁住一個啤酒瓶（或任何其他重物）。

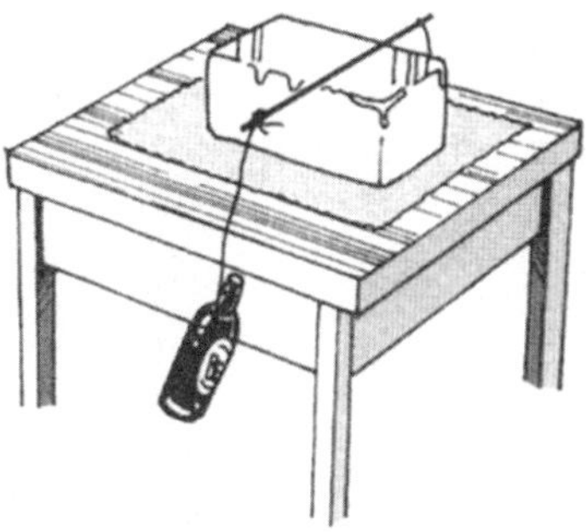

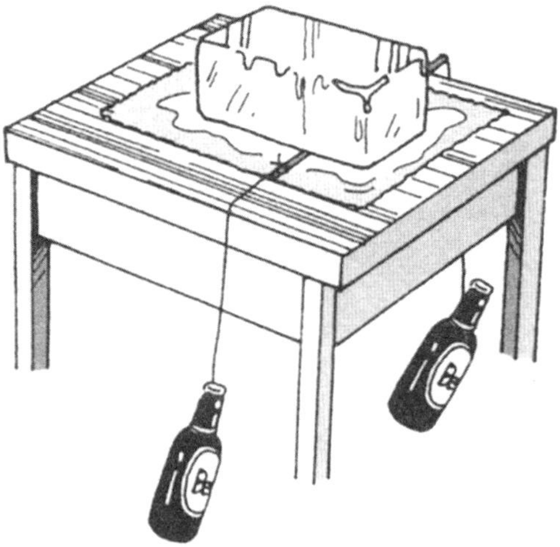

3

鐵絲會慢慢切割冰塊，最後掉到桌面上。鐵絲雖然切過冰塊，但冰塊卻沒有被切斷。

為什麼？

科學原理解答

這叫做復冰現象，冰塊受壓力的地方冰點降低，鐵絲下面的冰融解成水，鐵絲便沒入水中，鐵絲上方的水被四周的冰冷卻，再度凝結成冰塊，所以鐵絲可以很快地穿過冰塊，冰塊卻不會被切開。

有時由於室溫較高或鐵絲切的速度不夠快，冰塊的復冰現象不明顯，這時可以把重物換成容量比較大的寶特瓶，或是用比較大塊的冰塊來做實驗。

76 水把杯子黏住了！

用力黏住兩個杯子，怎麼樣也分不開。是什麼樣的強力黏膠這麼厲害？

準備用具　兩個透明杯

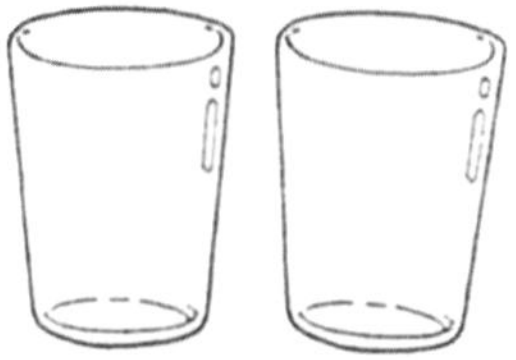

1

一個杯子裝入一半的水。

2

把另一個空杯子疊在裝水的杯子上面，輕輕向下壓，先讓多餘的水分流出來。

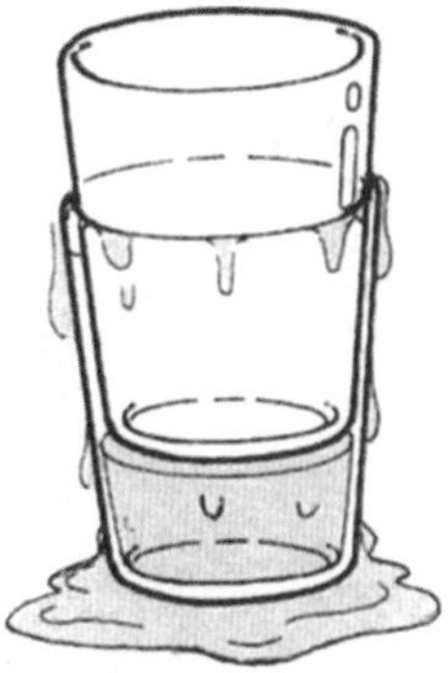

3

把重疊的兩個杯子倒置，這時以手拿起上方的杯子，下面的杯子也會一起跟著黏上來。

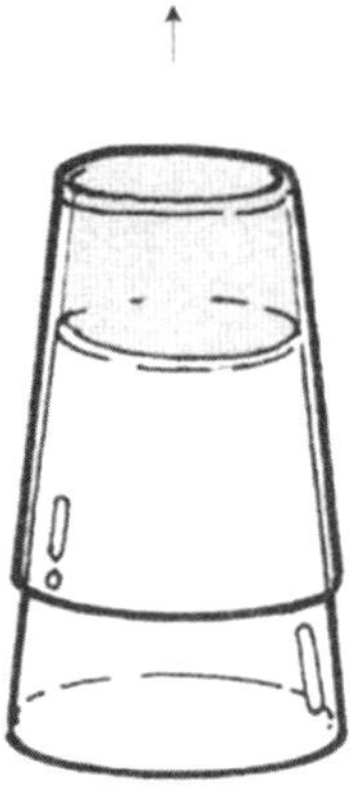

4

再放好重疊的杯子，這時拿起上方的杯子，下面的杯子依然黏著一起被拿起來。

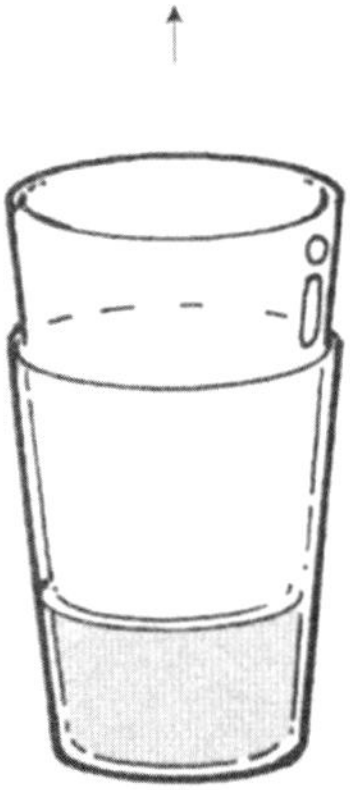

為什麼？

科學原理解答

兩個杯子重疊的時候，重疊部分幾乎呈真空狀態。平時我們感受不到大氣壓力的作用，這時試著用雙手拿住上下杯子，把兩個杯子拉開，此時你感受到的抵抗力，就是大氣壓力。

大氣壓力究竟有多大呢？一六六四年在德國長做了一個有名的馬德堡半球實驗，將直徑約36公分的兩個空心金屬半球合起來，把裡面的空氣光，大氣壓力緊緊的將兩個半球壓住，當時一共用了16匹馬（兩邊各8匹馬）才將兩個半球拉開，可見大氣壓力有多大！

想要分開這兩個杯子，可以將外面的杯子泡一下熱水，由於熱脹冷縮，外面的杯子膨脹，讓空氣可以進入兩個杯子之間，杯子就會分開。

Part 5

快樂動手做

親子科學實驗室

77

蝶戀花

蝴蝶喜歡追逐花朵，這是利用磁鐵的實驗。

準備用具

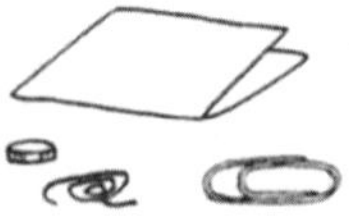

磁鐵、色紙、迴紋針、透明膠帶、縫衣線、剪刀

1 對折色紙，如圖，以剪刀剪出蝴蝶和花朵的形狀。

2 扭曲迴紋針，如圖將迴紋針拉開，用縫衣線綁住迴紋針下端，用透明膠帶貼在1製作的蝴蝶上面。

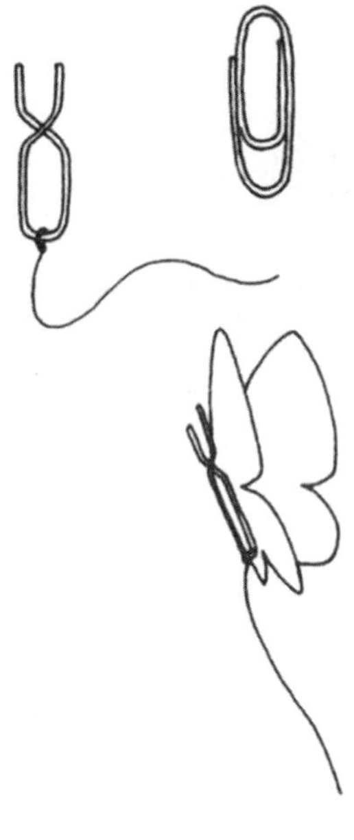

3

蝴蝶線的另一端可以綁在任何地方。以透明膠帶在紙花上貼一個磁鐵，拿住磁鐵吸引蝴蝶上的迴紋針，蝴蝶看起來就會像被花吸引一樣地飛舞。

為什麼？

科學原理解答

迴紋針被磁鐵吸引，看起來就像蝴蝶在追逐花，非常有趣。

親子在進行這個磁鐵實驗的時候，孩子往往會問：「迴紋針為什麼會被磁鐵吸引？」

迴紋針是鐵製成的，鐵是一種磁性物質，能被磁鐵吸引。磁鐵隔著一段距離就能吸引迴紋針，顯示磁鐵的磁力可以在空間中作用，不必直接接觸。

我們常在日常生活中接觸到磁鐵，不妨讓讓孩子拿著磁鐵吸吸看，哪些東西會被吸住，哪些東西吸不住，找出什麼樣的東西是磁性物質。

78

火山爆發

在家裡做一座火山，這座火山竟然會爆發，還噴出熔岩！

準備用具

有蓋的廣口瓶、小蘇打、石膏、洗衣精、筷子、報紙數張、鐵釘、鎚子、十字起子、水彩、湯匙

1

在瓶蓋上打洞，先用釘子釘出一個小洞，再用十字起子將洞挖開，約0.5公分大小，放在報紙上。

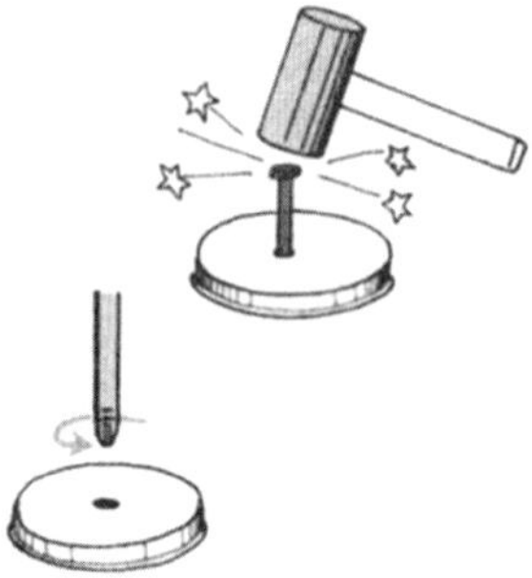

2

在瓶子裡加入三分之一瓶容量的洗衣精、再加入石膏和水，一起攪拌，最後混入紅色及黃色水彩。

3

加入三小匙小蘇打一起攪拌，等起泡後蓋上有洞的蓋子。

4

瓶子加入小蘇打以後，會一直冒出泡泡，從洞口溢出，樣子很像熔岩噴發。泡沫物質凝固時呈現泥漿狀，膨脹的體積約為2~3份量的三~五倍。

為什麼？

科學原理解答

石膏溶於水變成硫酸鈣溶液，呈酸性。小蘇打是鹼性，酸中和會使小蘇打產生大量二氧化碳，就是我們看見的泡泡。加入洗衣精是為了讓岩漿黏稠。

將小蘇打加入的時候，會快速產生二氧化碳，如果洞太小，瓶子可能會破裂。有時熔岩會從洞口噴出，注意不要噴到眼睛。

如果家裡沒有石膏，也可以用食醋代替。

79 厚紙板墨鏡

不用鏡片，用厚紙板也可以製作墨鏡嗎？厚紙板墨鏡不但能遮擋陽光，還具有近視眼鏡的效果，可以看清遠方，真是太神奇了。

準備用具

厚紙板、剪刀、美工刀、量尺、錐子、黏膠、橡皮筋

1 裁剪厚紙板，大小可以完全蓋住雙眼。

2 以銳利的美工刀將1的厚紙板從中間裁開，分成兩半。

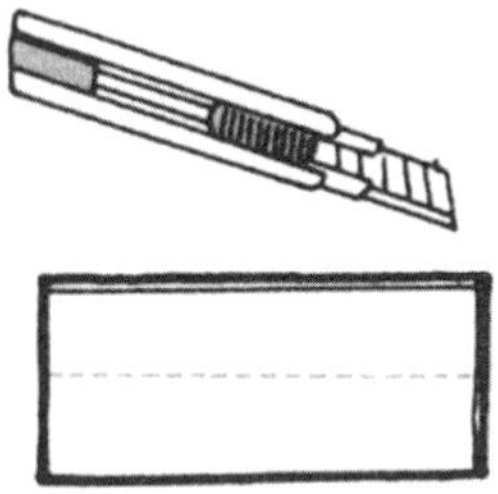

3 用膠帶或黏膠，將兩片分開的紙板固定，使兩片紙板中間有一道細縫，切口要平整。

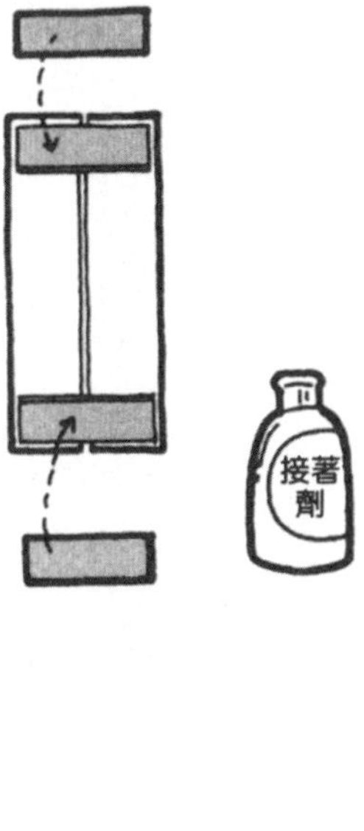

4

在厚紙板邊緣以錐子打洞，穿過橡皮筋固定，戴在臉上。從縫隙可以看見遠方的景物，在大太陽底下不會刺眼，可以看清楚。

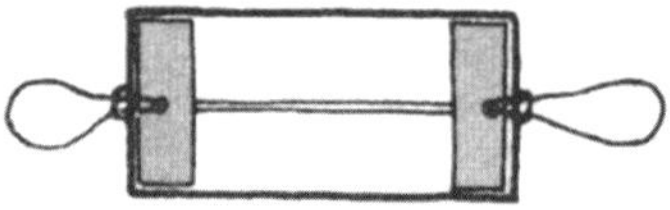

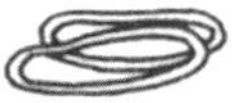

為什麼？

科學原理解答

這是針孔成像。看見物體，必須使物體表面產生光，射入眼睛，形成影像。針孔成像，是指光線直線行進，穿過一個小孔，讓物體影像在針孔的另一側變成上下顛倒，左右相反的影像。針孔越小，物體影像就會越清楚。

厚紙板的細縫，可以限制進入眼中的光量，具有針孔的效果。

80

豬肝製造氧氣

在家裡製造氧氣，聽起來很難，其實菜市場就可以買到材料喔，一起來製造氧氣吧。

準備用具

生豬肝少許、雙氧水（消毒水）、菜刀、砧板、廣口瓶、線香、火柴

1

把生豬肝切碎，放入廣口瓶（果醬瓶等透明空瓶）。

2

加入雙氧水，蓋過豬肝，這時雙氧水會冒出白色泡泡，像是撒在傷口上一樣。

3

點燃線香，要將線香吹滅，不要冒出火焰，呈現紅熱狀態。

4

將線香前端放入瓶中，當線香靠近泡泡，會發出火焰燃燒。

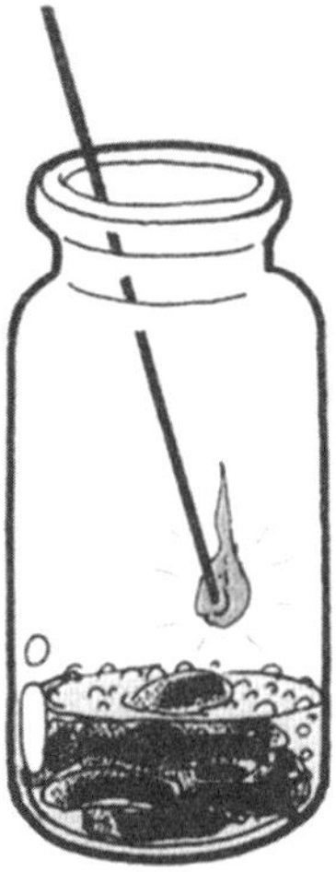

為什麼？

科學原理解答

雙氧水是常見的消毒水。一百公克的雙氧水，是三公克過氧化氫溶在九十七公克水中，形成的水溶液。將雙氧水塗抹在傷口時，會產生氧氣，這就是傷口殺菌，氧氣是白色泡泡的真面目。這個實驗利用豬肝裡面的酵素，使雙氧水釋放氧氣。在實驗室中製作氧氣，一般是使用二氧化錳加雙氧水。

氧氣有幫助物體燃燒的作用，鐵絲在一般室溫下不易燃燒，但放在純氧中則容易燃燒。

81

二氧化碳遊戲

有時候買冰淇淋會附贈乾冰，我們可以利用乾冰來製造二氧化碳，玩一些遊戲。

準備用具

乾冰、舊毛巾、鎚子、透明杯子或瓶子、手套、蠟燭、火柴

1 戴上手套，以舊毛巾包住乾冰，以鎚子敲碎。

2 在杯中注入兩、三公分高的水，然後將乾冰放入杯中。

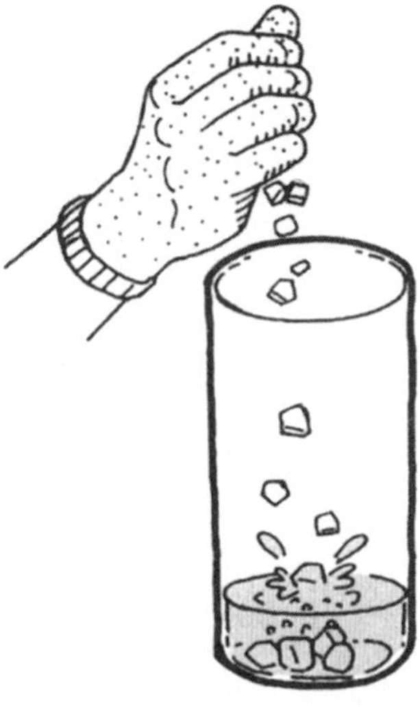

3

點燃蠟燭，固定好，將2的杯子杯口朝燭火傾斜，由於杯中的二氧化碳倒出，使燭火熄滅。

為什麼？

科學原理解答

二氧化碳無色無味，比空氣重，會沉在容器底部，除非傾倒或吹氣，否則杯中的二氧化碳並不會外流。

乾冰不是冰，而是二氧化碳在攝氏負78.5度結成的固體，由於溫度很低，用手碰觸容易凍傷，因此要戴手套進行這個實驗。另外乾冰在室溫下會快速汽化成二氧化碳，所以容器不要加蓋，以免爆開。

82

燭火自動熄滅

怎樣讓燃燒的蠟燭自動熄滅呢？這是另一個運用乾冰的實驗。

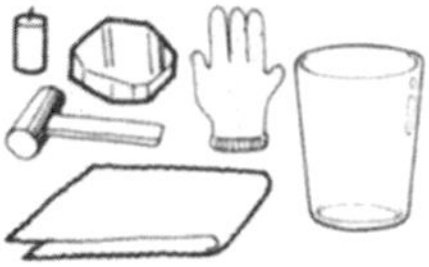

短蠟燭、火柴、高的杯子、乾冰、鐵鎚、毛巾、手套

1 點燃蠟燭，固定在杯底。

2 如果裝蠟燭的杯子很高，過一陣子蠟燭會自然熄滅。

3 把熄滅蠟燭的杯子拿起來，朝杯底用力吹氣，接著再次點燃蠟燭。

4

往杯底滴一點水，再放入敲碎的乾冰，不久蠟燭也會自動熄滅。

※將乾冰以毛巾包裹，再以鐵鎚敲碎，拿取時不可以直接用手接觸，一定要戴手套。

為什麼？

科學原理解答

二氧化碳會使燭火熄滅。

燃燒需要氧氣，產生二氧化碳。在第一個實驗中，燃燒蠟燭時，杯底會漸漸累積二氧化碳，二氧化碳比空氣重，所以裝在高杯子裡的蠟燭燃燒時，會逐漸累積二氧化碳，等到二氧化碳的堆積超過燭火高度，使燭火不再能接觸到空氣裡的氧氣，蠟燭就會熄滅。

把碎乾冰放進杯子，原理也是一樣，乾冰是冷卻二氧化碳所得的固體，預熱會恢復成二氧化碳氣體，使蠟燭熄滅。加水的目的是為了加速乾冰融化。

83 自製回力鏢

教你自製回力鏢，並學習回力鏢的飛行原理。

準備用具

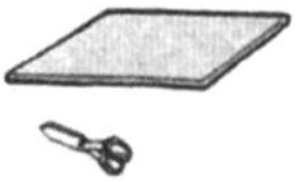

厚紙板、釘書機、剪刀

1

將厚紙板剪成10×2公分的長度，在其中一側切出一公分的切痕，一共製作三片相同的紙片。

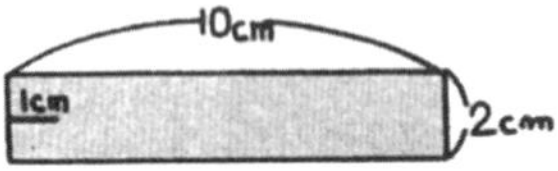

2

將三片切口組合在一起，使每片的夾角呈一百二十度，再以釘書機固定。

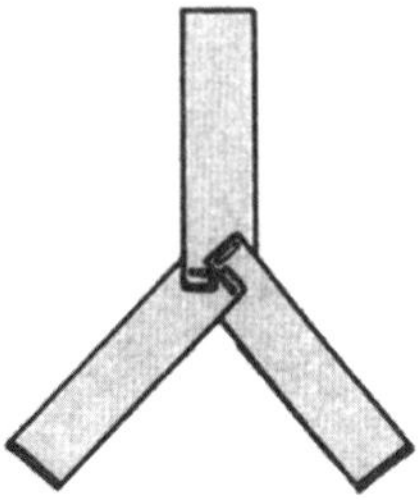

3

彎曲紙片，如圖製作三個鏢翼，從側面看，鏢翼要隆起呈圓弧狀。

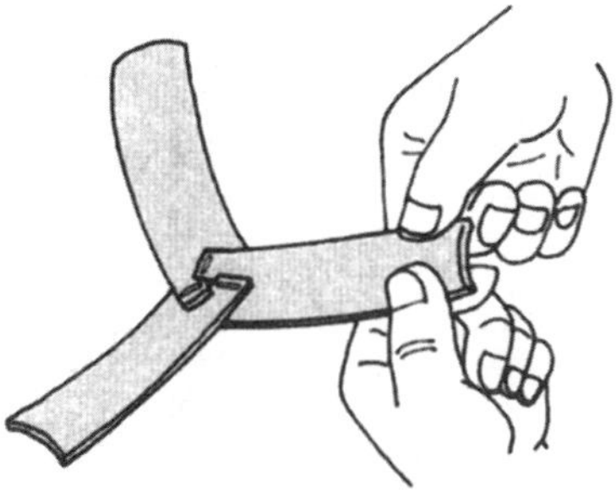

4

擲鏢法：以慣用手拿著回力鏢的一個翼，如圖，使回力鏢的表面位於自己臉的附近，與地面垂直，投擲的時候手腕要先往後，利用手腕的力量趁勢向前擲出即可。

為什麼？

科學原理解答

如果回力鏢投擲不順利，若為右撇子，可將身體向左傾一點（左撇子的人則是向右傾）。

回力鏢的飛行原理力矩、角動量、轉動慣量及白努利原理、向心力等物理定理有關，類似一種民俗遊戲「竹蜻蜓」。例如汽車、腳踏車在快速行駛時，如果忽然左轉方向盤，車子就會產生一個向右的抵抗力，回力鏢的飛行與這個原理類似。回力鏢翼的切面，使回力鏢所受的空氣升力上升，令回力鏢身穩定。回力鏢和陀螺一樣，轉軸是繞直線旋轉。升力及穩定性使回力鏢上升，旋軸的轉動令回力鏢回飛。

84

瓶中雲

天上的雲，可以裝在寶特瓶裡面嗎？一起來做做看吧！

準備用具

兩公升大寶特瓶、打氣筒、線香、火柴、錐子、美工刀、橡膠膠帶

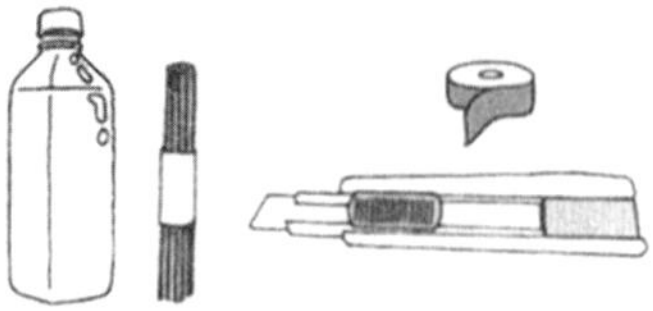

1

寶特瓶洗乾淨，在蓋子上以錐子打一個洞，用美工刀將洞挖大，洞的大小要符合打氣筒的大小。

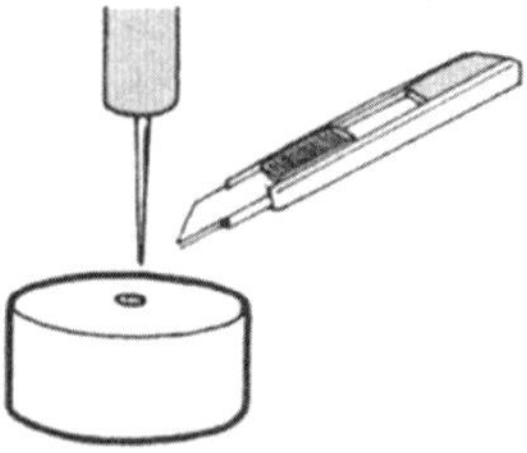

2

寶特瓶用水沾溼內部，點燃線香，使煙散布在寶特瓶內部（也可以用香菸的煙），旋上蓋子，套上打氣筒的打氣針，用黑膠帶封住，不要漏氣。

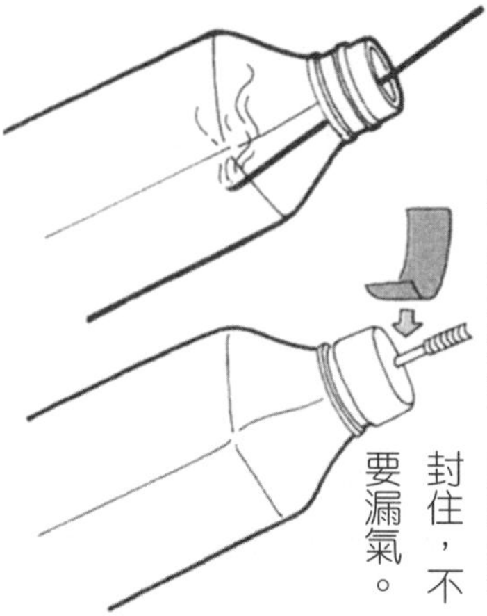

3

以打氣筒打入空氣。

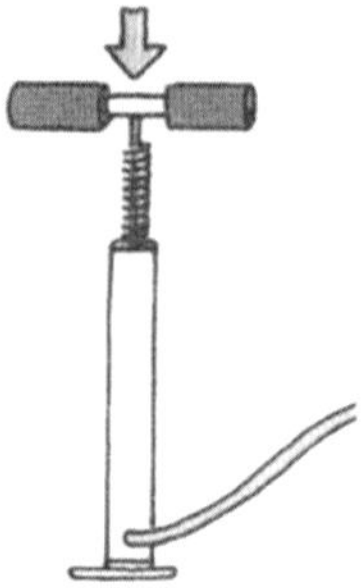

4

隨著寶特瓶內的壓力升高，最後打氣針會彈開，這時寶特瓶裡面一片白茫茫，彷彿像一朵白雲。

為什麼？

科學原理解答

地球上的水，受熱形成水蒸氣，飛到天上集結起來就形成雲。雲有很多種，像棉花一朵朵的雲，是屬於積雲類的；冬天一大片像鍋蓋似的，屬於層雲；當晴空萬里的時候，偶而出現一下的，是絲般的卷雲。高空中的氣壓較低，隨著氣壓的降低，空氣會膨脹，膨脹會使空氣溫度降低，高空中的水蒸氣就會變得不穩定，聚集凝結在灰塵四周，水滴變大，落下就成為雨。

寶特瓶裡面朝溼，充氣的時候，瓶子裡承受壓力的空氣，打氣針彈開的時候由於快速減壓，溫度會下降，而線香或香菸的煙，成為水蒸氣凝結的核心，看起來就像雲一樣。

85

自製暖暖包

市售的暖暖包，在冬天特別暢銷，教你如何用家裡的材料DIY。

準備用具

鋼刷、塑膠袋、盆栽土（花市可以買到）、食鹽、雙氧水、湯匙

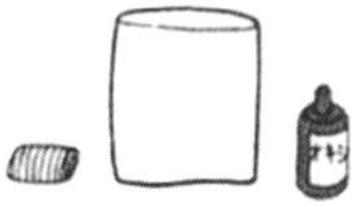

1

將鋼刷放入塑膠袋中，灑點食鹽，再加上一些盆栽土。

2

倒入雙氧水，份量要使袋內所有物品溼潤，搓揉塑膠袋。

3 暖暖包製作完成。等到溫度降低，再加入雙氧水。

為什麼？

科學原理解答

鋼刷是鐵絲團，到處都可以買到。鐵在空氣中會逐漸生鏽，這是與空氣中的氧化合的氧化反應，會伴隨發熱。沾溼的鋼刷會更容易生鏽（氧化速度加快），加入食鹽水，生鏽會更快，產生大量的熱。

這個實驗中的氧氣，來自於雙氧水，盆栽土是用來吸收水分。

86

空罐燒製木炭

木炭是由窯燒而成。我們用空罐來取代窯。

準備用具

筷子、空鐵罐、鐵網、瓦斯爐、手套、開罐器（或鐵絲剪）、水桶

1

將筷子依照空罐的長度折斷，從空罐的開口處塞入筷子，將空罐塞滿，直到沒有空隙為止。

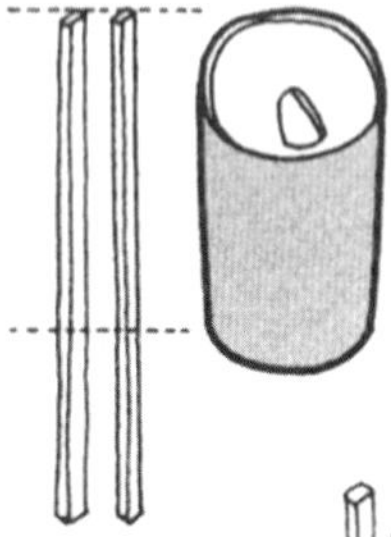

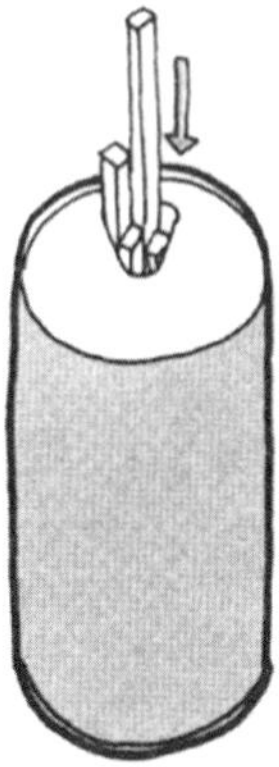

2

將鐵網放在瓦斯爐上，放上鐵罐，瓦斯爐用中火。不久鐵罐會開始冒煙，要一直加熱到不再冒煙為止。這些煙含有一氧化碳，因此請保持室內通風，不要吸入。可能的話建議最好在室外進行這個實驗。

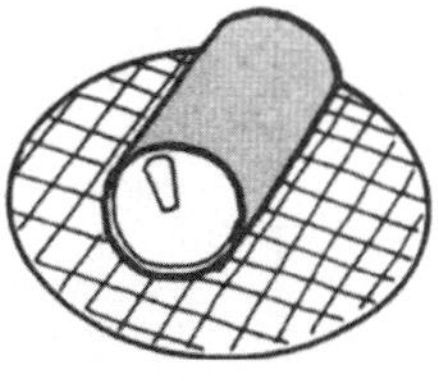

3

等到煙沒了就熄火，戴上手套拿起罐子，罐口朝上，放入水桶的水中冷卻，小心不要讓水流進去。等到完全冷卻，用開罐器打開鐵罐，取出木炭。

為什麼？

科學原理解答

在實驗室製作木炭的方式，是將小塊木片放入試管，以瓦斯爐加熱。這裡介紹的是可以自製更多木炭的方法。

燒炭會冒出煙，煙含有氫氣、沼氣及一氧化碳等，具有毒性，如果吸入過量的一氧化碳會中毒，甚至死亡，所以這個實驗具有危險性，ㄨ務必注意通風。

燒好的炭可以拿去沖水洗淨，熱水煮過，放入網袋，可以當作淨水器具，還可以磨碎、拌入土壤，作為土壤改良劑，放入冰箱還可以除臭。

87

靜止的肥皂泡泡

泡泡很漂亮，飄浮在空中的泡泡，與物體接觸就會破裂。下面要介紹讓泡泡靜止不動的方法。

準備用具

水槽、肥皂水、杯子、吸管、乾冰、鐵鎚、毛巾、手套

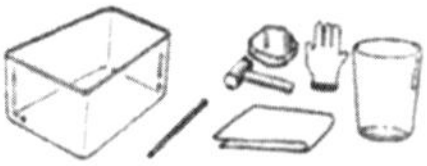

1 敲碎乾冰，放入空水槽的底部。

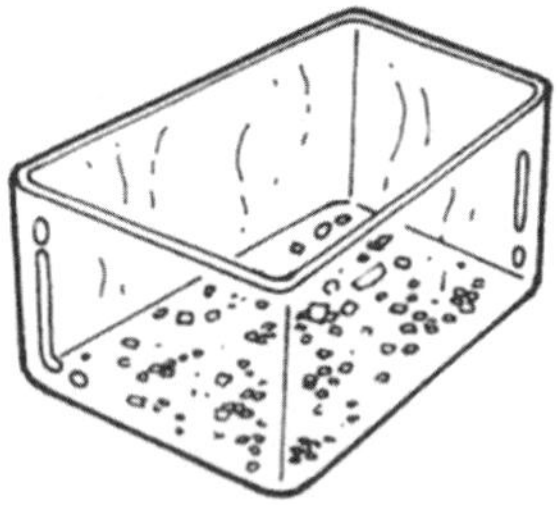

2 輕輕地將泡泡吹入水槽中。

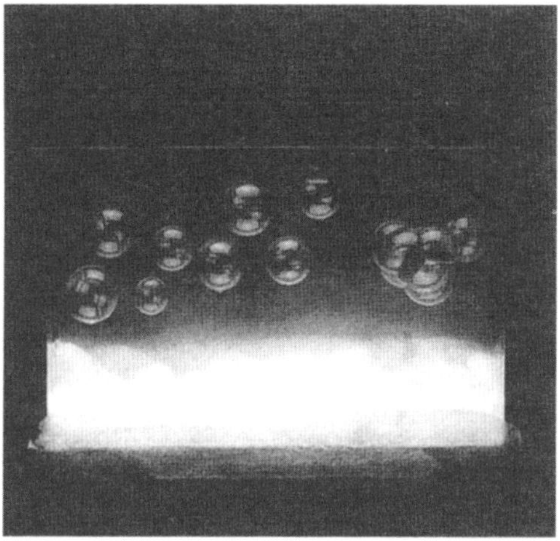

3
進入水槽的泡泡，會靜止不動。

為什麼？

科學原理解答

乾冰汽化會產生二氧化碳，充滿在水槽中。由於二氧化碳比空氣重，所以除非水槽有風吹入，或水槽傾斜，否則槽中的二氧化碳不會溢出。這個實驗注意要在無風處安靜進行，不要晃動水槽。

將泡泡吹入充滿二氧化碳的水槽，由於二氧化碳累積在水槽底部，泡泡會在二氧化碳的支撐下靜止不動，等於是泡泡浮在二氧化碳上面。

如果二氧化碳太少，實驗便無法成功，所以失敗不要氣餒，請繼續挑戰。

88 巨大的泡泡

挑戰巨大的泡泡，在沒有風的好天氣最適合做這個實驗。

準備用具

臉盆、飯匙、洗碗精、洗衣精、粗鐵絲、鉗子、紗布或繃帶

1

如圖，把粗的鐵絲扭曲彎折成圓圈，做好以後用清潔劑洗去鐵絲上面的油脂，擦乾以後在圓圈纏上紗布或繃帶，以便吸收更多的肥皂水。

2

製作肥皂水，臉盆中加入一公升水，洗碗精一百cc，洗衣精五百cc，以飯匙輕輕攪拌，小心不要起泡。

3

以在1製造的鐵絲圓圈，沾取肥皂水，舉高圓圈，沾在圓圈上形成的膜會自然擴張，這時轉動手腕，肥皂膜就會自動分離，形成泡泡。也可以不扭轉手腕，直接舉高圓圈，泡泡也會自動與圓圈分離，成為巨大泡泡。

為什麼？

科學原理解答

巨大的泡泡來自特殊調製的肥皂水，加入洗衣精可以提高肥皂水的黏度，吹成大泡泡的肥皂膜不會太薄，泡泡才不易破裂。但水質會有影響，如果用的是硬水，肥皂水不容易吹出大泡泡，所以實驗地區的自來水如果是硬水，請改用蒸餾水。

使用肥皂水要小心，避免進入眼睛或口，如果碰到要立刻以清水沖洗。如果肥皂水調製不成功，可加入甘油、膠水、起泡劑LB-7等增加黏稠度。

89

巨無霸泡泡

將肥皂泡泡變得更大，成為巨無霸泡泡。

準備用具

前一個實驗製作的肥皂水、大塑膠盆、粗鐵絲、鉗子、棉繩（四公尺左右）、握把（例如跳繩握柄，材質形狀不限）、繩鉤四個

1

繩子最好先洗乾淨，如圖兩端打成一結，繩子形成環狀，將四個位置綁上鐵絲，握把裝上繩鉤以後，掛在鐵絲上。

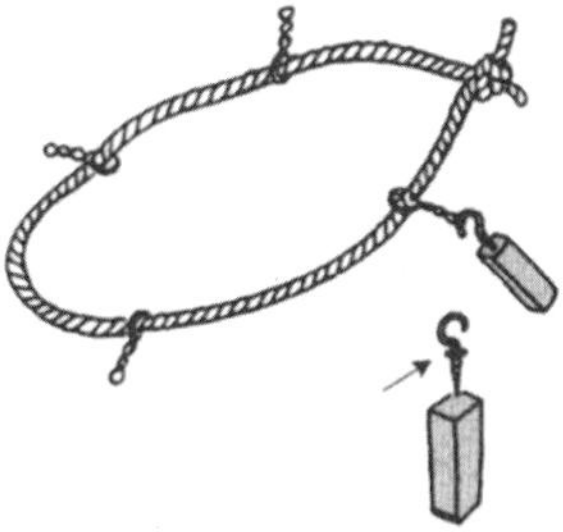

2

兩個人站兩邊，各握住兩個把手，將繩子浸入肥皂水。

3

將繩子抬離肥皂水，讓繩圈形成一層薄膜，接著兩個人握住把手，將繩子拖離水盆，使肥皂膜漸漸擴大。

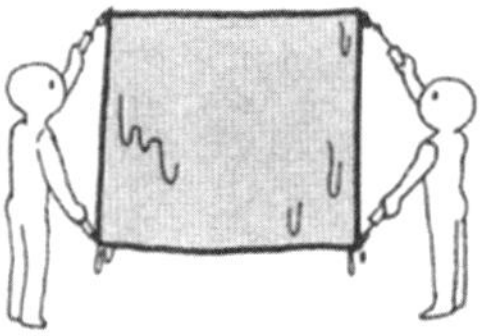

4

使泡泡脫離繩子，要兩人同時扭轉手腕，使把手交叉。可多練習幾次，就能做出巨無霸泡泡。

為什麼？

科學原理解答

要吹大泡泡，一般的肥皂水吹不出來。請試著加入甘油、膠水、起泡劑LB-7等。一個建議的配方是：洗碗精6杯，水4杯，甘油1杯。

泡泡會發出七彩美麗的光輝。這是因為光從不同角度照向泡泡的膜，泡泡表面就會有不同方向和不同波長的反射光。這些反射光交互作用以後，會產生許多波長不同的光，而不同波長的光進入眼睛，看來就是不同的顏色。

泡泡的膜厚度不固定，厚膜與薄膜經常在變動，所以表面不斷變化美麗的顏色。由於泡泡膜夾住的水，會因為重力而往下掉落，所以泡泡的上層會先變薄，最後破裂，破裂時，膜的厚度大約是1公分的十萬分之一，非常薄。

90

模擬日蝕

日蝕就是月亮擋住太陽，讓人看不見太陽的自然現象。你也可以在家裡簡單模擬日蝕。

準備用具

乒乓球、燈架、燈泡

1

使用電燈泡燈座，裝上電燈泡，插電，房間的燈光關上或拉上窗簾。閉上一隻眼睛，拿著乒乓球，在睜開眼睛前面，緩慢由左而右移動。

2

緩慢移動乒乓球時，會發現有一段時間看不見電燈泡，不久電燈泡又會再出現。

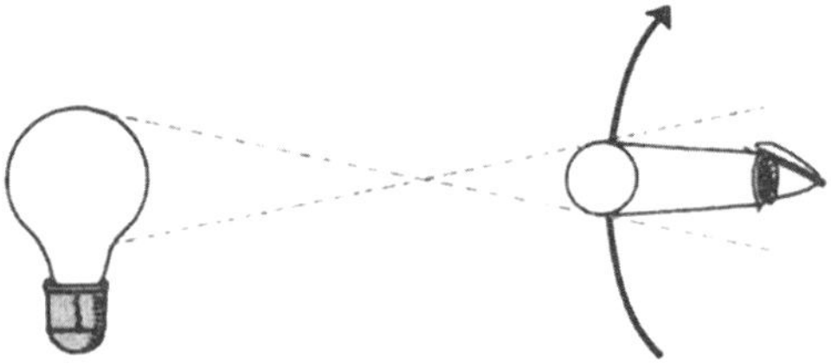

為什麼？

科學原理解答

日蝕又稱日食。日蝕發生的時候，只有地球上某些地方才看得見。我們可以利用這個實驗模擬日蝕。在實驗中，電燈泡所扮演的角色是太陽，移動的乒乓球是月亮，睜開的眼睛是地球。當地球、月亮與太陽排成一直線時，在地球某處就會看見日蝕。古巴比倫人發現日蝕週期大約是十八年，稱為沙羅（Saros）週期。

91

自動浮起來的氣球

將一個氣球綁上鉛錘，沉入水中。現在，不可以用手拿氣球，你能使氣球浮起來嗎？

準備用具

氣球、鉛錘、線、水槽（不漏水的容器，比氣球大）、水壺和熱水

1

吹出十公分大的氣球，綁上數個鉛錘，讓氣球在水裡會緩緩下沉，若重量不夠可以增加鉛錘數量。

2

將綁鉛錘的氣球沉入水槽，再以水壺慢慢倒入溫水。

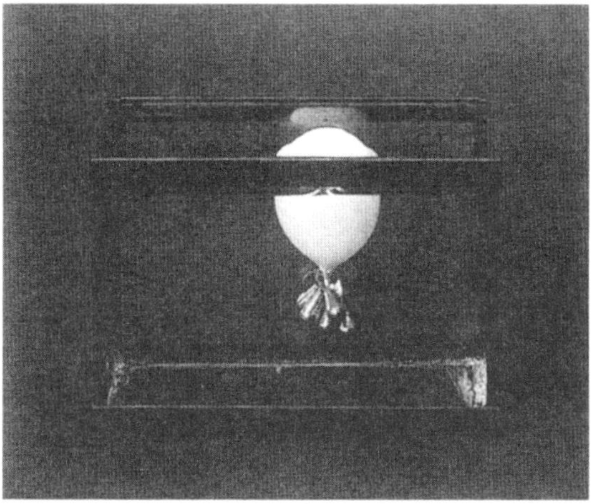

3

不久，氣球浮起來了。

為什麼？

科學原理解答

水溫上升，氣球中的空氣會被加溫，使空氣膨脹，浮力增加。當浮力超過鉛錘的重量，氣球就會浮起來。

使用的水槽不要過大，越大的水槽所需的水越多。水溫會影響氣球的浮沉，水溫越高，氣球月容易浮起來。注意不要用太燙的水，以免燙傷或燙破氣球。

92

浮浮沉沉的彩色水

物質的體積，會隨溫度的高低而變化。這個原理可以進行一個科學實驗。

準備用具

鋼筆墨水（瓶裝，紅藍兩色各一）、滴管、水槽、小瓶子、筷子、水壺、熱水、冷水、冰、

1

水槽裡倒入熱水，用手摸有點熱的程度即可。將小瓶子裝入水，以滴管吸取藍墨水，在小瓶子裡滴入一滴，用筷子攪拌均勻。

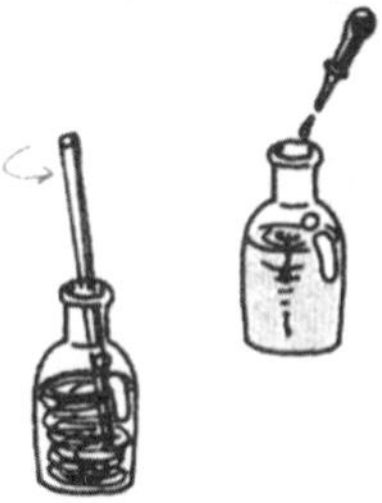

2

以手指壓住小瓶口，伸入水槽，在水面附近將小瓶子側倒，手指移開，使藍色水從瓶口漏出。這時會看見藍色水往下沉。

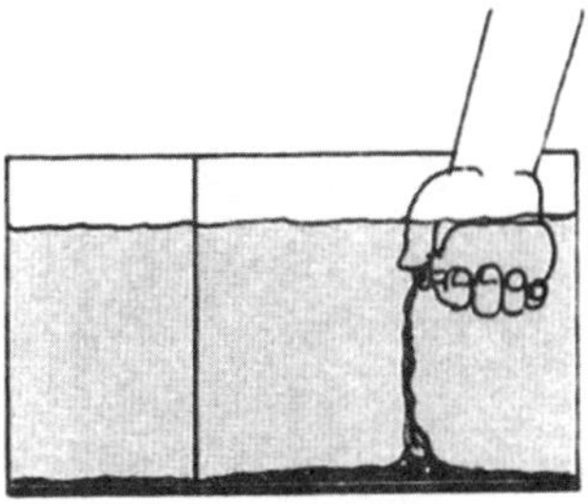

3

倒掉水槽的熱水，改裝入水和冰，在小瓶子裡面裝熱水，滴入一滴紅墨水，攪拌均勻。

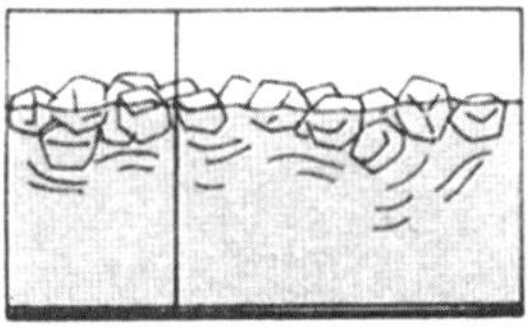

4

手指壓住瓶口，將小瓶子倒放入冰冷的水槽中，伸入到水槽底部，緩緩移開手指，使紅色水從瓶口漏出，這時會看見紅色水往上浮。

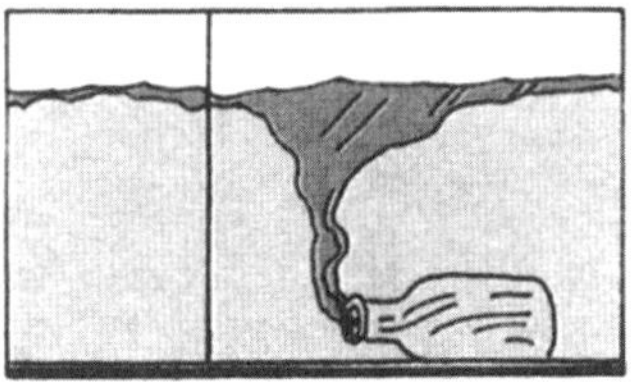

為什麼？

科學原理解答

墨水溶在水裡，不會使水的重量有什麼改變。因此影響彩色水浮沉的原因不是顏色，而是水槽的水溫差異。

溫度高的水，比溫度低的水，相對顯得較輕，因為溫度會使物體體積變大，密度變輕，因此浮起來。相反地，溫度下降，會使密度變大，因此下沉。

93

乾電池可以點亮大燈泡

試試看，用乾電池來點亮大燈泡。

準備用具

110伏特的四十瓦燈泡、燈座、電線（長約四公尺）、3號電池（1.5伏特）75個，長竹竿兩根、鉗子、透明膠帶

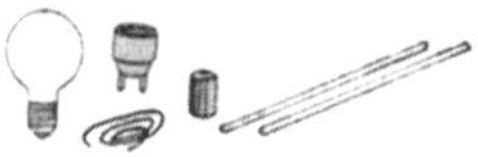

1 將燈座接上電線，裝上家用燈泡。

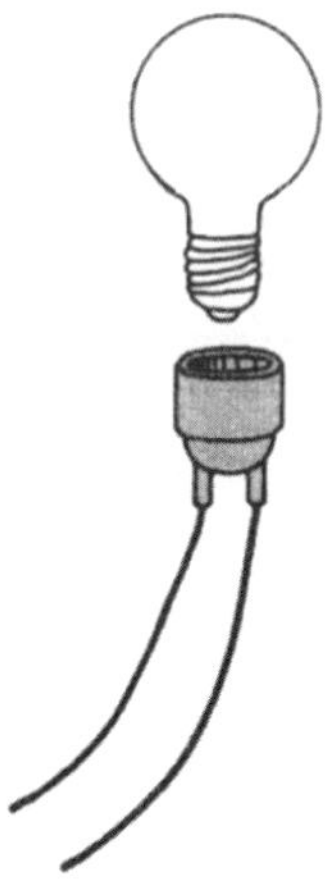

2 連接所有電池，用竹竿夾住，以透明膠帶纏好固定，在下端連接燈座的一條電線。

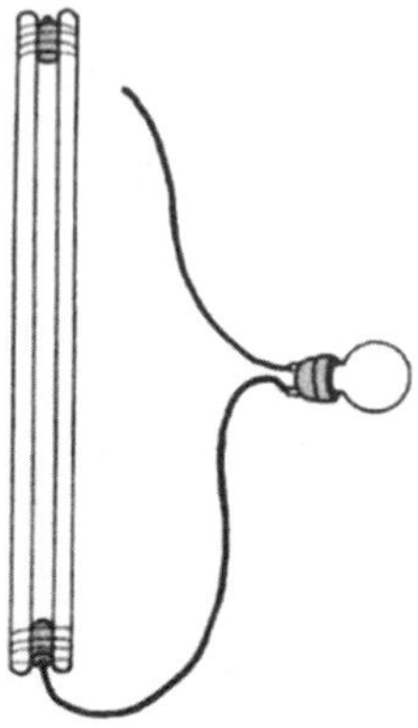

3

連接電池的時候，可以將竹竿傾斜靠在牆上，由下往上連接74個電池，注意正負極方向不要放錯。

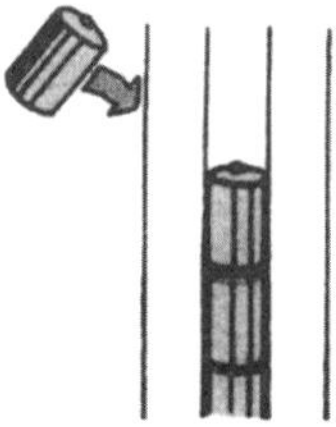

4

第75個電池是固定竹竿用的。如圖，在第74個電池的正極，以透明膠帶固定另一條電線，燈泡就會發光了。

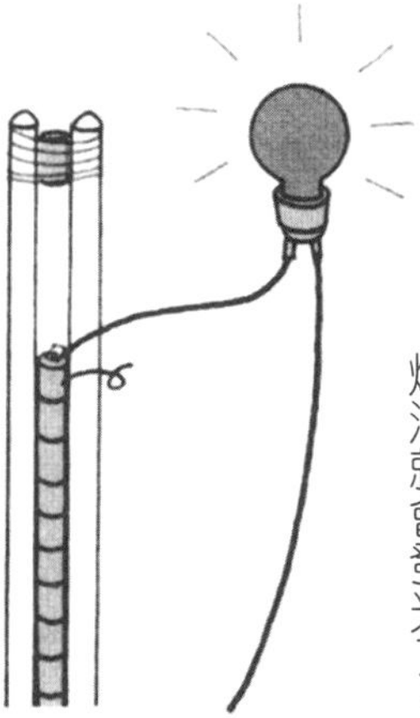

為什麼？

科學原理解答

雖然乾電池只有1.5伏特的電壓，但串聯74個，電壓就可以達到110伏特，如此一來就可以使電燈泡發光。理論上，只要有足夠數量的乾電池，也可以使電動車開動。

串聯74個電池，產生的電流會使乾電池及電線的負擔增加，但由於電池的電壓很快會降低，電燈泡不會亮太久，所以只要燈亮了就可以拆掉電線。

94

檸檬電池，點亮小燈泡

我們經常以為電池要像市售品一樣，使用錳或鹼，其實電池可以自己動手做，而且還可以用水果來做。現在我們就來用檸檬做電池吧。

準備用具

檸檬數個、刀子、銅片、鋁片、電線、鈑金用剪刀、砂紙、透明膠帶、小燈泡、鉗子

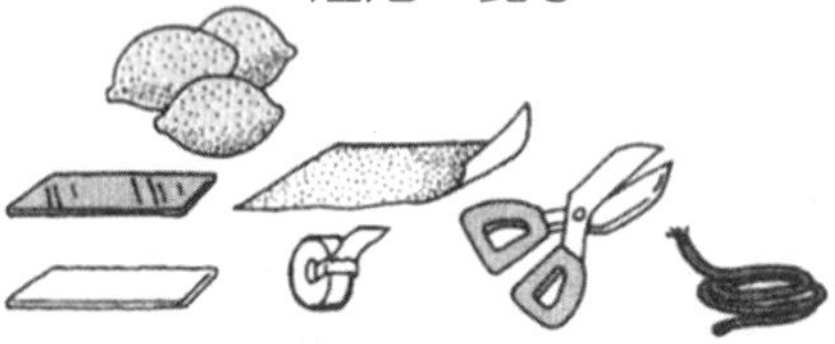

1

剪兩片銅片及鋁片，尺寸一致，用砂紙磨去表面的污垢及鏽，讓金屬片光亮。

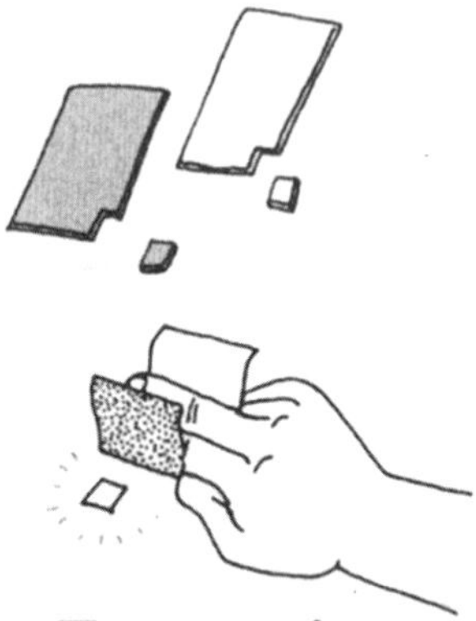

2

以透明膠帶分別將銅片及鋁片貼上電線，再放在對切的檸檬上，銅片與鋁片要依序排列。

3

如圖準備好檸檬和金屬片的連接，最後接上小燈泡。如果小燈泡不發光，可以加入更多檸檬電池。

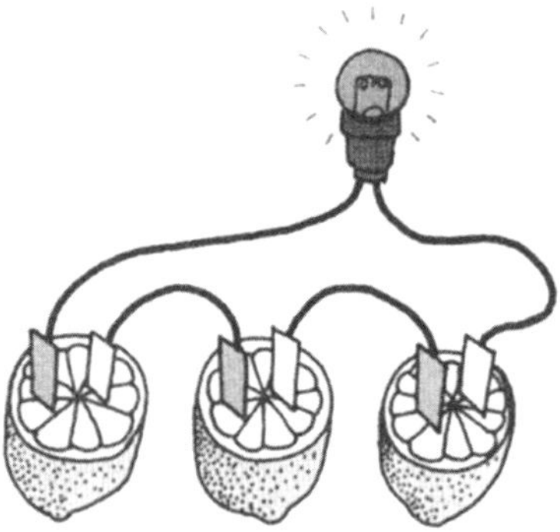

為什麼？

科學原理解答

我們平常使用的電池與檸檬電池的原理相同，檸檬汁具有溶化金屬的能力，這種可使金屬溶解的物質，稱為電解質。將銅片及鋁片插入檸檬汁，鋁會溶解產生帶正電的離子，而由於銅比鋁不易變成離子，所以鋁片是帶負電，銅片則帶正電。將銅片及鋁片用電線連接，可以形成迴路而通電，但因為檸檬電池的電流很弱，所以要並列數個檸檬電池，以增強電流。

使用過的檸檬含有溶化的鋁，請資源回收，不可以拿去吃。

95

芝麻跳舞

歡唱的時候，讓芝麻隨著你的歌聲跳舞吧！你唱一句，芝麻就跳一下，真是有趣！

準備用具

去掉上下蓋的罐頭空罐、透明玻璃紙、膠水、芝麻

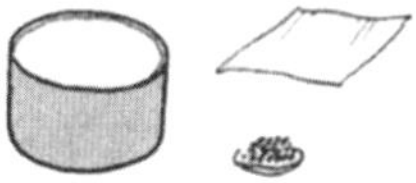

1

在去掉上下蓋的罐子上，貼透明玻璃紙，這時請勿使用膠帶來貼，一定要用膠水沾一些水，用手指把玻璃紙抹平在罐頭上，膠水乾了以後，玻璃紙會變得緊繃而平滑。

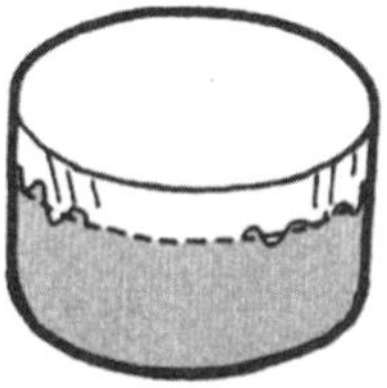

2

將貼好透明玻璃紙的罐子翻轉，放入芝麻或有顏色的小紙片。

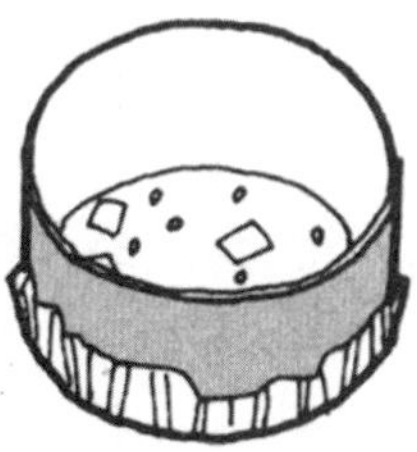

3 雙手捧住罐子兩側，嘴巴貼近兩手的大拇指唱歌，看！玻璃紙上的芝麻活潑地跳起舞來了！

為什麼？

科學原理解答

看不到、摸不著的聲音，究竟是什麼？聲音的產生，是因為物體的振動。你可以把手放在喉嚨上，發出「啊～」的聲音，就可以感受到聲帶的振動！物體振動時，會進而振動空氣，傳道我們耳朵裡的鼓膜，會跟著振動，所以我們便可以聽見聲音。我們說話的時候，是喉嚨裡的聲帶晃動，振動空氣而發出聲音。

96 空罐笛音

廢物利用家裡的空鋁罐，發出嗡嗡的笛音。

準備用具

空鋁罐數個、粗棉線、美工刀、錐子、錘子、膠帶、筷子、剪刀、手套

1

在鋁罐的側面用美工刀割開寬度0.7公分，長度5公分的洞，切的時候要小心，可戴上手套。

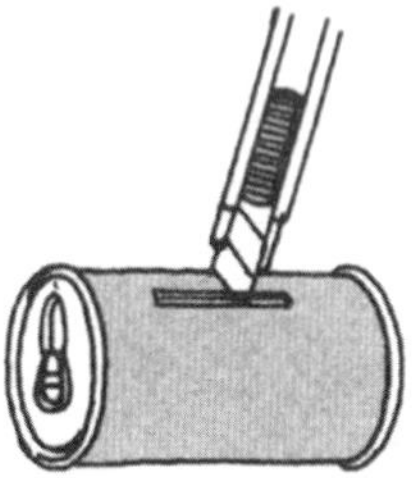

2

在罐底中心以錐子開洞，讓棉線穿過，從罐底穿過線，再從側面的洞將線拉出，把免洗筷折一段，綁上棉線固定，塞回罐子裡。

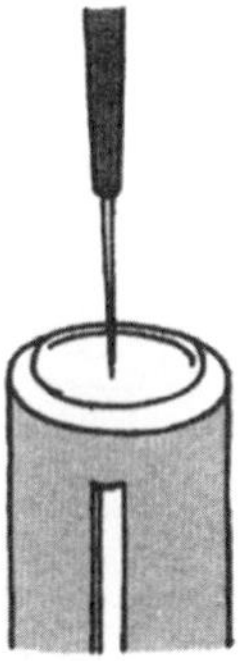

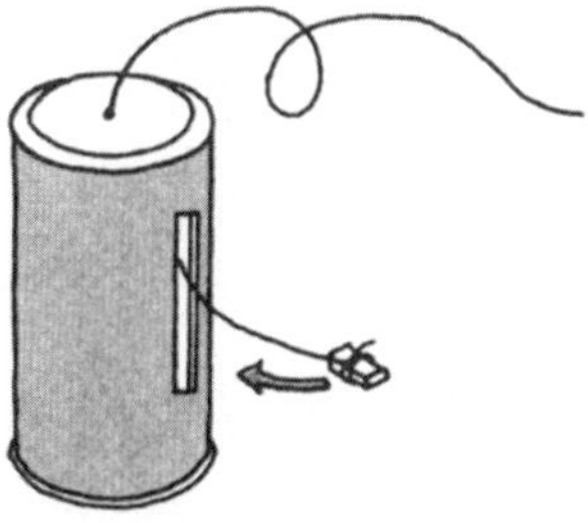

3

拿掉罐口的拉環，用膠帶封住罐口。

4

手拉線的一端在空中揮動，空氣會從空罐的洞進入，發出奇妙的「嗡嗡」聲。

為什麼？

科學原理解答

聲音就是空氣的振動，空氣會從空罐側面的洞進出，產生振動，發出聲音。假如改變空罐洞的長度，或是轉動的速度，笛聲會出現高低的不同變化。

同一個罐子，在揮動的時候，由於速度快慢和繩子長度變化，空氣振動的情形也不一樣，因此聲音也會跟著變化。

可以多做幾個洞不同大小的罐子，揮動看看，或兩個人一起揮動，有什麼變化。注意揮動的時候不要打到別人或物品。

97

速成伸縮喇叭

利用空罐及吸管，作一個簡易的伸縮喇叭，你也可以當一個速成古典音樂家。

準備用具

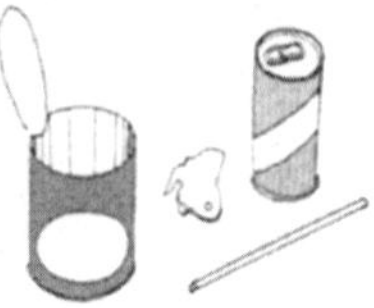

大罐頭空罐、易開罐空罐、吸管、透明膠帶

1

將大空罐的罐蓋及易開罐的罐底以開罐器取下。

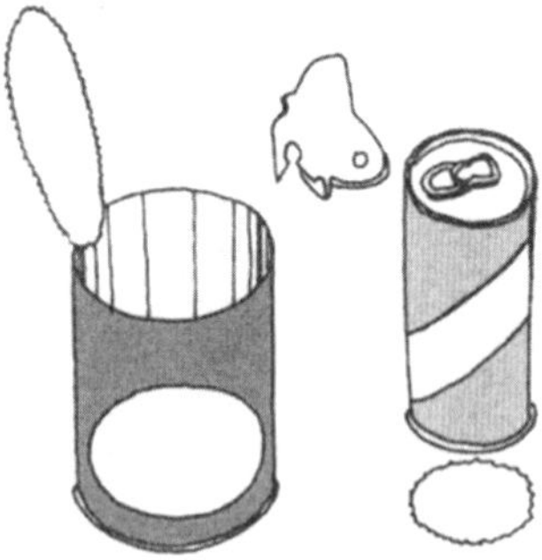

2

如圖，在易開罐的罐蓋，以透明膠帶固定吸管。吸管長度約七、八公分，貼上吸管的一端位於易開罐開口的邊緣，可調整吸管方向，以發出最好的聲音。

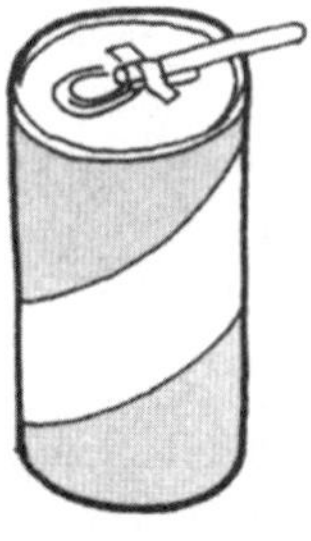

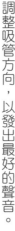

3

在大罐裡裝入三分之二的水，放入易開罐，嘴巴吹吸管，用手上下移動易開罐，會出現如同伸縮喇叭的音色。

為什麼？

科學原理解答

伸縮喇叭又稱長號，具有改變空氣量的金屬推把，可藉由空氣量的變化產生各種音階。吹奏者用嘴吹氣，使樂器中的氣柱震動，而發出聲音。這種震動會使樂器中的空氣也隨之震動，而從管的另一端發出聲音。音調是隨著管道的形狀和長度而變化，當管道變寬，長度變短時，共鳴減弱，音色也失去明朗的特性。

這個科學實驗根據相同的原理，上下移動易開罐，可使空氣量發生變化而發出不同的聲音。

98

印在葉子上的照片

用葉子就可以轉印照片，一起來做做看。

準備用具

盤子一個、黃金葛或菩提樹等大的葉子（表面較不凹凸，無毛的植物）、洗好的底片、耐熱玻璃杯、鐵絲網、粗迴紋針、碘酒、藥用酒精

1

如圖，將洗好的底片貼在植物的葉子上，以迴紋針固定，在天氣好的時候，從早上開始曬太陽六個小時。

2

曬好的葉子，取下底片，放入裝有藥用酒精的耐熱玻璃杯，放在裝水鍋子裡，在瓦斯爐上隔水加熱，等葉子變白取出。

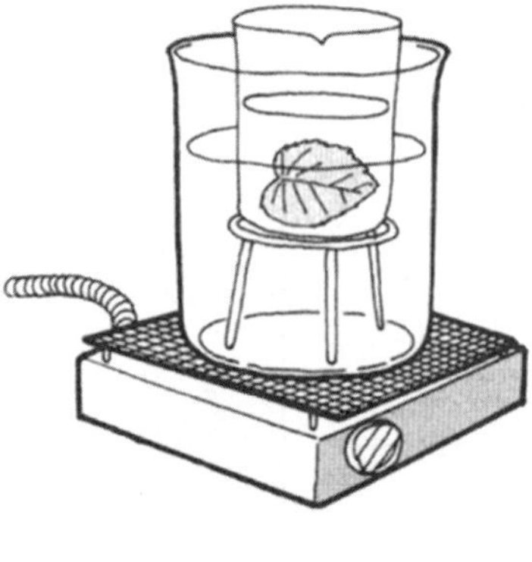

3

將葉子放在盤子上，將加入一倍水稀釋的碘酒倒在葉子上，此時葉子會浮現紫色的影像。最後用水沖洗碘酒，曬乾葉子即可。

為什麼？

科學原理解答

植物的葉子會從空氣中吸收二氧化碳，從根部吸收水分，以進行光合作用。底片透明的部分，陽光可以透過去，放在葉子上的時候，底片比較透明的部分，光合作用也比較旺盛，這個部份的葉子會製造較多澱粉，澱粉會受碘酒作用變成紫色，於是葉子上就會浮現照片的影像了。

99

髒髒的灰點

看一看旁邊的方塊圖形，似乎好像有一些髒髒的灰點，這些灰點究竟是什麼呢？

1

注視下圖的黑色正方形，你會發現在白色十字部分，似乎看見有灰色的髒點。

2 灰點是不是像這個樣子？

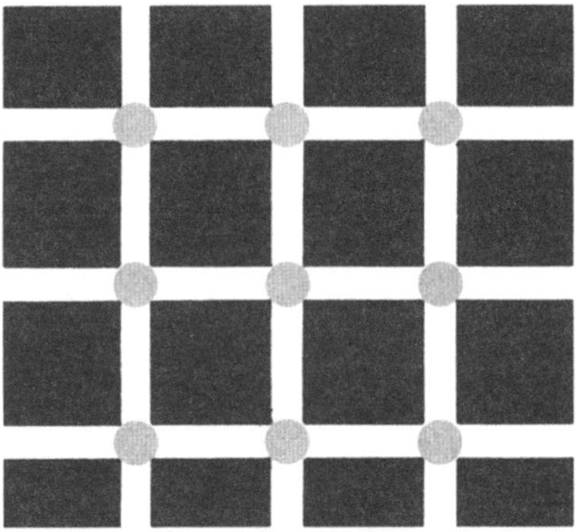

為什麼？

科學原理解答

這是眼睛的錯覺，使人覺得「好像看到」事實上根本不存在的灰點，你還會感覺黑色旁邊的白色似乎比較白，而黑色似乎變得更黑，這都是視覺錯覺所引起的。這種錯覺稱為「馬赫帶效應」（Mach band effect），是明度對比效應，或邊緣白色的「對比效應」（contrast effects）。

由於兩個相鄰，明度對比強烈的色塊，會造成眼睛產生「抑制作用」。在相對色的四周，產生「不存在的互補色」。

100

不存在的顏色

在白紙上畫黑色圖案，使之旋轉，紙上原本只有黑白色，卻出現彩色，這是怎麼一回事？

準備用具

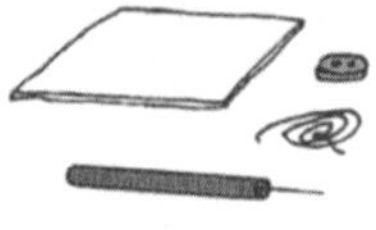

白色厚紙板、鈕釦（要有兩個以上的孔）、棉 線、漿糊、剪刀、錐子

1

在白色厚紙板上面，畫黑色圖案，如圖，或放大影印下圖再貼到厚紙板上面。

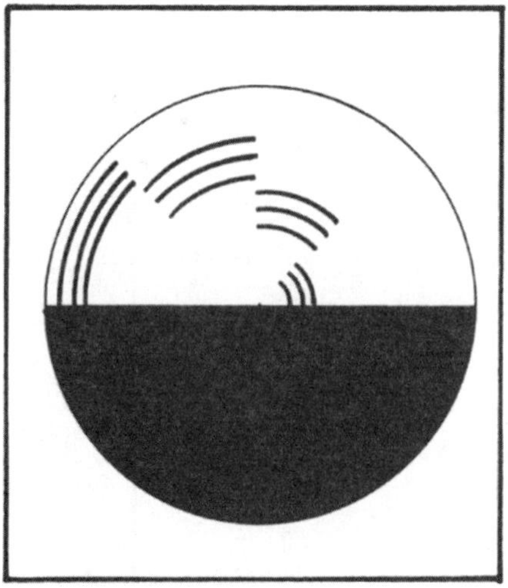

2

剪下圖中的圓，在沒有圖案的背面中央釘上鈕釦，依照鈕扣的洞，在厚紙板上穿洞。

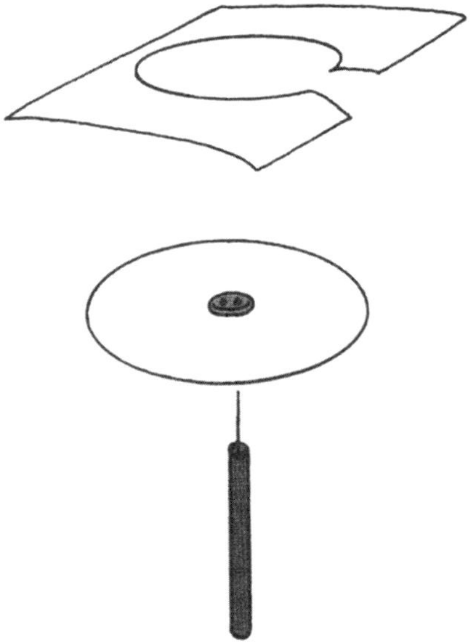

3

把紙連同鈕扣一起穿線，將繩子在兩端打結，雙手拿線向左右拉，使圓盤旋轉，在快速旋轉時，看看有圖案的面，原本是黑白分明的圖案，卻出現彩色。注意調節線不要太長，以免不容易旋轉。

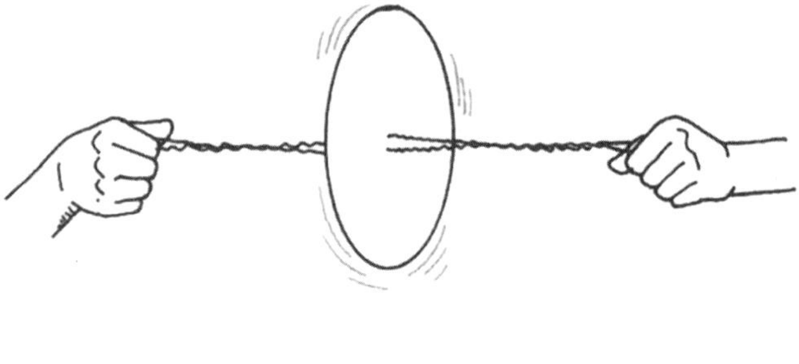

科學原理解答

為什麼？

我們所做的是「旋轉陀螺」，早在數百年前就已經出現。一般的陀螺是旋轉軸與地面垂直，這種旋轉陀螺的旋轉軸則與地面水平。實驗進行的時候，以大拇指與食指拿住兩端的線，將中央圓盤稍微轉幾圈，再將線向左右拉開，圓盤就會自動旋轉，練習幾次可以很快掌握要訣，拉圓盤的力氣不要太大，以免撕破。

紙上的圖案原本只有黑白兩色，旋轉起來竟然會變成彩色，這是在十九世紀由德國的物理學家、心理學家葛斯塔夫·費西那（Gustav Fechner）所發現的，稱為費西那色彩（Fechner colors），後來市售「賓漢盤」（Benham's Desk）玩具陀螺，就是根據這個原理。

至於旋轉這種黑白圖而看見色彩，原因直至今日還是疑問。顏色主要是由三原色紅、黃、藍所組成。人的眼睛可以感受到色彩，是因為感知顏色的波長。感知顏色所需要的時間也因顏色而異，其中的紅色是最快就能感知的，接下來依序是黃色、綠色及藍色。由於人眼看到的顏色，可能是因為視網膜接受了反應速率不同的紅色、綠色和藍色。而視網膜上面中央窩的延遲（視錐細胞的傳遞速度）與周圍的構造，導致不同顏色神經細胞的反應。也就是說，圓盤旋轉時產生的顏色，每個人看到的可能會不一樣。

實驗中的厚紙板，也可以用廢棄的CD片來取代。

國家圖書館出版品預行編目資料

動手玩科學實驗 100 / 牧野賢治著 ; 沈永嘉譯.
-- 初版. -- 新北市 : 世茂, 2015.05
面 ;　公分. --（科學視界 ; 182）
譯自 : かんたん！ビックリ !! 科学手品 100 :
手軽にできて不思議！場を盛り上げる手品集
ISBN 978-986-5779-76-4（平裝）

1.科學實驗　2.通俗作品

303.4　　104005180

科學視界 182

動手玩科學實驗 100

作　　者／牧野賢治
譯　　者／沈永嘉
主　　編／陳文君
封面插畫／人體四格
封面設計／辰皓國際出版製作有限公司
出 版 者／世茂出版有限公司
負 責 人／簡泰雄
地　　址／（231）新北市新店區民生路 19 號 5 樓
電　　話／（02）2218-3277
傳　　真／（02）2218-3239（訂書專線）
　　　　　（02）2218-7539
劃撥帳號／ 19911841
戶　　名／世茂出版有限公司　單次郵購總金額未滿 500 元（含），請加 50 元掛號費
世茂網站／ www.coolbooks.com.tw
排版製版／辰皓國際出版製作有限公司
印　　刷／祥新彩色印刷股份有限公司
初版一刷／ 2015 年 5 月
　　二刷／ 2017 年 10 月

I S B N ／ 978-986-5779-76-4
定　　價／ 280 元

KANTAN! BIKKURI!! KAGAKU TEJINA 100
Supervised by Kenji Makino

First published in 1999 by Nihon Bungei-sha
through Japan Foreign-Rights Centre/Hongzu Enterprise Co., Ltd.

Printed in Taiwan

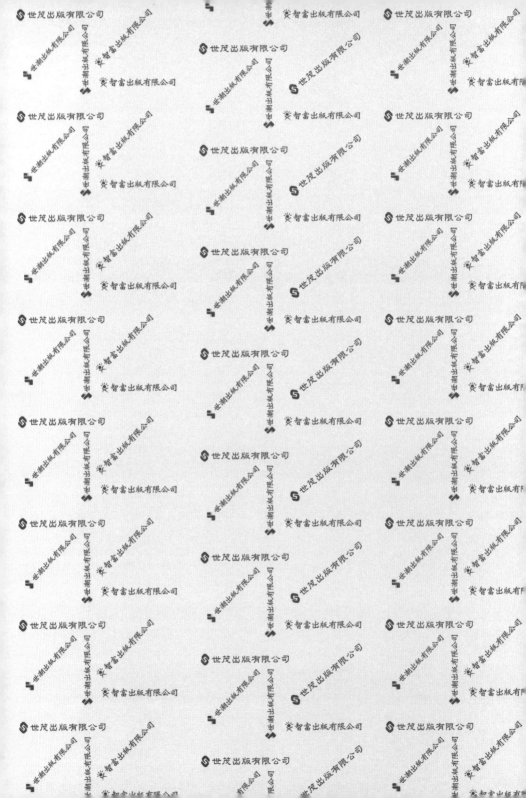

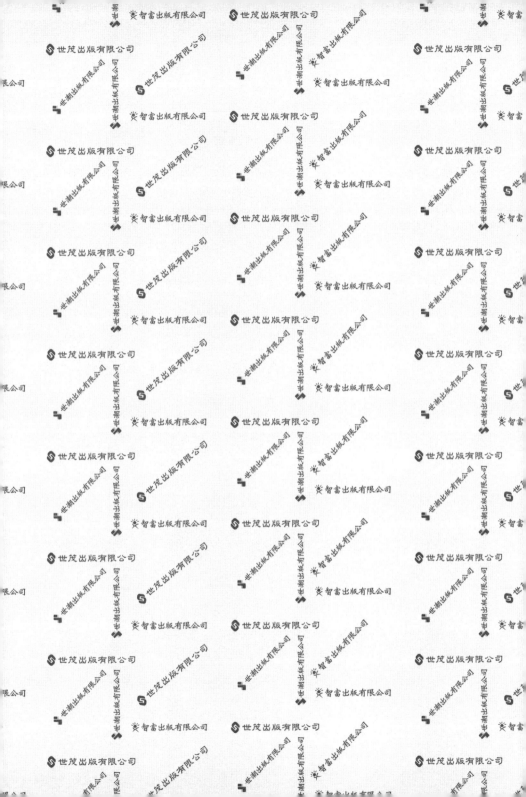